学会做个明白人

观察事物
思考问题
认识自我

郑和生◎著

吉林出版集团股份有限公司

图书在版编目（CIP）数据

学会做个明白人 / 郑和生著. — 长春：吉林出版集团股份有限公司，2018.7

ISBN 978-7-5581-5217-7

Ⅰ.①学… Ⅱ.①郑… Ⅲ.①人生哲学–通俗读物 Ⅳ.①B821-49

中国版本图书馆CIP数据核字（2018）第134140号

学会做个明白人

著　　者	郑和生
责任编辑	王　平　史俊南
开　　本	710mm×1000mm　1/16
字　　数	260千字
印　　张	18
版　　次	2018年8月第1版
印　　次	2018年8月第1次印刷
出　　版	吉林出版集团股份有限公司
电　　话	总编办：010-63109269 发行部：010-67208886
印　　刷	三河市天润建兴印务有限公司

ISBN 978-7-5581-5217-7　　　　　　　　定价：45.00元

版权所有　侵权必究

前　言

竞争与合作就是现在这个社会的现状，有些人在竞争中失败，有些人在合作中成功。

"人性"场包括了职场、商场、官场、情场，生活中一般和人有关的都是经常遇到的困扰，所以只要有人的地方，就需要读心术。如果对人心不了解的话，不管走到哪儿都会碰壁！读懂人心是为了不受其他人的限制，更是为了做人、做事更顺心。《学会做个明白人》告诉大家，人心并不是像人们说的那样深不可测，人的心理、情感的密码都蕴藏在相貌、表情、言行举止里面，如果"望、闻、问、切"这四种解码方式我们掌握了话，我们就能像中医把脉治病一样，人们的真正意图就可以根据在社交中的面部表情、身体姿势、声调以及语言方面的表现揣摩出来。只有掌握了这样的基本功，才可以聪明地社交、幸福地收获！

世界上每个人的个性都不相同，从外在看来，个性指的就是行为模式，它比较独特而稳定，从内在看来是独特而稳定态度、思想、认知等。一个人的行为在大多数的时候都是由自己的个性决定的。对自己与别人的行为用心的观察就会发现，我们身体的一举一动都在告诉别人，我是什么样的人！因为一般的情况下我们的个性都被我们身体的反应欺骗了。同样的道理，如果一个人的个性我们非常了解的话，不仅可以将他当前的行为掌握在手里，而且可以根据其个性，对其将来的行为进行预测。

了解自己并了解他人是每个人都希望做到的事情,要看懂人的心理并不困难。

通过行为对心理进行分析，让对自己的内心慢慢的了解，并对你分析周围人的行为和个性提供帮助。

我们内心的晴雨表就是我们的表情，也是当今社交活动中少数能够超越文化和地域的交际手段之一。不同的国家、不同的肤色、不一样的语言，在传递共同的心愿的时候却可以用表情做到。然而，迷惑性也可以用表情表达出来，稍不小心，表情就将我们欺骗了，做出的判断就会是错误的。

如今，表情指的不仅仅是一个内心符号，其在人际交往中起着越来越明显的作用。在生意的洽谈中这样的情况经常会遇到，由于对方一直都是笑容满面，似乎给人的答案都是比较满意的，原本以为这笔生意做起来一点问题都没有，后来却发现对方以各种各样的理由拒绝合作。从这个地方就可以看出来，当时的面露笑容只是一种伪装，这时在交际中表情变成了一种手段，对方的"庐山真面目"一直让人看不清楚。

自我保护是一种本能，每个人都有，把内心活动完全暴露出来，没有人会愿意这样做的，每个人或多或少地都需要一点属于自己的"隐私"。某些人在某些场合很担心有人可以察觉到自己的心理动态，于是极力隐藏内心活动，表情和内心形成鲜明对比，其内心的真实感情别人就没有办法看出来了。

虽然人们为了对自己的内心进行掩饰，极力戴上"面具"，但他们还是会被面部的细微表情所"出卖"。所以我们只要学会怎样对人的表情进行仔细观察，人心中潜藏的秘密就可以读懂。

目录 CONTENTS

第一辑 CHAPTER 01
隐藏在语言里的心理学

人类最自然、最基本的一项功能就是语言。在社会飞速发展的今天，语言渐渐成为了一种艺术，语言的运用在我们的日常生活中是那么的频繁，然而，也许别人就会因为你不经意的一句话而受到一些影响。所以在用语言表达的时候一定要谨慎，学会用语言来对自己进行武装是非常有必要的。

003　语言越巧，思维水平越高

010　说话太直，易失分寸

017　礼貌用语，彰显品德

023　言语细节，不可忽视

030　善用谎言，关系更融洽

第二辑 CHAPTER 02
隐藏在肢体动作中的心理学

也许我们不能很好的去分辨听到的事情的对与错，但是，我们却可以从一个人的一些行为动作上看出他的内心。在生活中，人们的一些动作的发生总是结合着自己的内心，而且很多心理专家也都是通过对病人的动作分析来辨别真伪的。一个小动作就是一种情绪的表达，所以，我们要养出一双敏锐的眼睛，去看透生活中谎言，并为我们的生活传出一种积极的正能量。

039　　公众场合，言行举止更要得体

047　　走路姿势不同，性格特征各异

053　　积极乐观，传递正面力量

059　　不同性格，不同坐姿

065　　小动作，大心理

目录 CONTENTS

第三辑 CHAPTER 03
隐藏在眼神里的心理学

人们说眼睛是心灵的窗户，的确如此，一些心底的波动可以从一个人的眼神中看出。一些内心情绪会通过眼神体现出来，如今社会，应该让自己有一双明是非并足够强大的眼睛。使一个眼色，或许你就明白一些事情，眼神的魅力就在这里。

075	小眼神，大信息
086	眼神自信，机会更多
095	目光交流，读懂内心
107	嘴巴上的谎言，眼神里的真相
116	坚定眼神，无穷力量

第四辑 CHAPTER 04
隐藏在表情中的心理学

现在的社会中，不管你是什么职业，或是身在何处，与人的交流通常都是带有表情的。要知道的是，表情传达的那种信息也是非常强烈的，遇到什么事情就会相应的出现什么样的表情。如果你能够给人以积极的表情，那么人们就想要与你亲近。让表情成为你的武器，在生活中体验真正的快乐。

125　　待人接物，勿轻易表露真实情绪

132　　表情语言，意义非凡

141　　小小微笑，大大力量

151　　微表情，大秘密

155　　一瞬间的微表情，最难掩饰的真实内心

目录 CONTENTS

第五辑 CHAPTER 05
隐藏在情绪里的心理学

我们通常很难控制自己的情感，所以总是会将情绪画在脸上，不过在复杂的社会中要想保护好自己首先就要做到控制自己的情感。不要轻易让情绪将你左右，你要做情绪真正的主人，让情绪为你服务。假如你不会使用自己的情绪，可能就会受到伤害，光明是需要自己去寻找的。

165　　不良情绪，理智去控制

169　　负面情绪，正确去应对

176　　紧张情绪，勇敢去克服

184　　极端情绪，努力去消除

188　　提升思想，带来好情绪

192　　正视各种情绪，学会控制和调整

第六辑 CHAPTER 06
隐藏在习惯中的心理学

伴随着一个习惯的慢慢养成，于是你就变成了这样的你，所以一个习惯的养成并不难，而如今一种习惯就可以看出来平时的状态。想养成一个非常良好的习惯，就要在生活中逐渐杜绝一些不好的习惯。让非常好的习惯帮助你成功。

199　　人情世故，往来于餐桌

205　　素质高低，显于公共场所

211　　惯于吹牛，危害不可小觑

213　　做文明之人，行文明之事

220　　口头禅有好坏，需适时去改正

228　　拖延症危害多，积极主动去根治

目录 CONTENTS

第七辑 CHAPTER 07
隐藏在生活中的心理学

在现在的社会里，应该如何生活才可以掌握好生存原则。你的负能量不要在生活中轻易的被别人看到，因为不会有人想要跟有负能量的人在一起。生活的尺度要好好的把握，要让自己的生活更加美丽，隐藏在其中的秘密就应该认得清清楚楚。

239　与人交往，要有度

248　少一些多余认真和计较，多一些付出和信任

255　自我暗示，具有强大驱动力

259　适当释放心情，生活更幸福

264　以诚待人，他人必以诚待之

269　尊重他人意见，也适当保留自我主见

隐藏在
语言里的
心理学

①

　　人类最自然、最基本的一项功能就是语言。在社会飞速发展的今天，语言渐渐成为了一种艺术，语言的运用在我们的日常生活中是那么的频繁，然而，也许别人就会因为你不经意的一句话而受到一些影响。所以在用语言表达的时候一定要谨慎，学会用语言来对自己进行武装是非常有必要的。

语言越巧，思维水平越高

青蛙说话是一则非常有名的寓言故事。青蛙说：在紧急关头鸵鸟都不说话，只是把头埋进沙堆里进行非常深刻的思考；和演讲家比起来，别人更容易嘲笑的是思想家们，因为他们不知道，思考这件事情需要多大的勇气才可以做出来。难怪犹太人要说："人类一思考，上帝就发笑。"

其实不管是说话，还是发笑，都是对思想的一种表达方式。随着人类的不断进步，如今说话与思考不仅仅是人类的一种基本交流方式，也变成了一种生活方式，对人类来说更是成为了一种本能。

在以前的时候，一直以为，人的思维在说话的时候是处于停顿状态，有这样一个比较流行的比喻：上帝在造人的时候之所以将人造成"两个耳朵一张嘴"，这是对人类的一种告诫，要少说多听。其实，说话也是一种思考，而且从我们生下来就拥有了这个能力。我们常常会发现一种现象，小孩子都非常喜欢自言自语，当它们的思维还没有成熟的时候，头脑中在想什么的时候就会马上将它说出来。在我们大人看来这好像是在语无伦次，其实，这种情况反映出他们一直在思考，说话对孩子们将思路理清非常的有帮助。

人拥有无穷无尽的潜力，思考与说话有非常密切的关系。专家告诉我们，自我言语对思考有非常大的帮助，一种有效的学习和思考工具就是说话。

如果我们在使用大脑的时候可以同时在许多不同"层次"上使用，其使用的"层次"越多，我们学习和记忆的效果就会变得越来越好。我们可以用阅读，用画图，用听，用音乐和动作，特别是与同伴或者自己交谈，将更好的思考掌握住。如果你喜欢诗歌和谱曲，那么你一定知道都是发声思考的灵感闪现才会产生出伟大的作品。一次，一位记者问过电影《小花》的曲作者王酩："《妹妹找哥泪花流》这样优美的旋律是怎样写出来的？"王酩告诉大家："我把自己关在屋子好几天，都找不到一点点灵感。当我跑到外面散步的时候，一边走一边哼曲，没想到一下子就将旋律哼了出来。"所谓的发声思考就是这样的，一种发声"说"出冥思苦想的结果。

也许有的作家根本就没有学过专门的写作，他们的思考完全是一种自说自话，或叫自言自语。这样经过了很长时间，有的作家还养成了一种习惯，要读很多遍自己所写的文章，直到读得顺畅了，才将它看做基本定稿。后来，其实随着他们读的越来越多，作家们就会知道这种无声"朗读"原来是一种思考。就好像是1946年诺贝尔文学奖获得者、德国作家的赫尔曼·黑塞曾说过的一样，"不管是什么东西，只要你说出来了，就和想的时候不太一样了"。

心理学家认为，和默默的心理暗示相比，发声的心理暗示效果更为明显。歌德说过："前人已经思考过所有伟大的问题了，对他们思考过的重新进行思考只是我们要做的事情。"如今另一种的习惯又被人们养成了，说话的时候用脚，思考的时候用屁股。可以代表这种说话与思考的行为方式的正是所谓"感觉不爽，拍屁股走人"。看来真的没有多少东西是需要忍进行思考的，重新思考才是最重要的。而大声说话是获得更好思考的一种方法，在说话的时候不单单对别人说，还要自己对自己说。

在不同场合下要说的话是否合适、礼貌，说话对象关于你说的话是不是可以接受，都是需要思考的问题，千万不要不顾一切想说什么就说什么。考虑到你的话是不是非得说出来，能不说就不要说。还要考虑到对其他人来说你的话是不是会伤害他们，说话对象是否可靠，是否会把你的话传给他人。讲话宁少毋多，把想要表达的意思表达出来就可以了，不要不停的说话，这样别人会感到厌烦的。

《论语》中说的"三思而后行"，这句话的意思就是说话的时候不要随随便便就说出来，首先应该做的就是思考。生活中，每个人都可以非常容易的将"文明礼貌"四个字说出来，然而，实际做起来可不是这样容易的事情。

其实很多人都说过脏话，但大部分都不承认自己说过脏话。这是真的吗？到底是没有说过，还是认为有些说过的话不是粗话？在现实生活中有很多这样的例子。

有一位阿姨，一些比较常见的"口头禅"她经常的脱口而出，如：骂娘的，骂奶奶的。但是当大家在一起说某个人骂人的时候，她就说："我从来都没有骂过人。"她根本就不认为那是骂人，仅仅是当成了"口头禅"，就像说"哇噻"一样。在与人交谈的过程中，有的人还会将一些秽言秽语夹杂在其中，唾沫横飞。

有些人在平常的时候看起来非常有礼貌，一旦被逼急了，说出来的话比任何人都要狠，一骂就骂上祖宗十八代。在骂过之后就会解释说：当时我实在是太生气了，实在是太冲动了，失态了。无论你当时是不是失态了，说出去的脏话是不可能收回了。这就是口语中不文明的现象。不过，在情急之下，通常行动上的不文明也会伴随而出。

在大马路上有两辆着急上班的自行车撞到了一起，"哎呀，你这人怎么不长眼啊？我正着急上班你没有看到啊？""是你不看路吧！是你撞了我，还恶狗先咬人。""你××怎么骂人哪！""你也骂了。""嘿！我××不光骂，我还打呢！我打你个××的！"这二位，班也不上了，也不管自行车了，就打了起来！在打架的期间还时不时的飘来几句脏话。那一边看笑话的自行车，该改个名，叫

"自省车"喽!

在生活中经常看到这样的事情发生,语言行动要做到文明,比如不骂人不打架,这并不是特别的困难,但是要做到处处文明礼貌则非常的困难,这并不是一种夸张的说法!

当我们遇到老师的时候向老师敬个礼,说声"老师好";去人家里做客,喊个"叔叔好,阿姨好";在吃饭的时候帮妈妈摆桌子、碗筷,要做到这些都不是非常困难的事情。不过,吃饭时,小孩子在长辈没有坐下之前不准坐,好东西老人不吃,孩子动也不准动,这"陈规陋习"有几家还保留呢?现在有很多人都说这些已经"过时"了,现在"尊老更爱幼"、"花朵至上"。在家里来客人的时候,你可以做到将最爱的电视节目舍掉,陪客人聊一会儿,在客人走的时候将客人送出家门吗?还是待在自己房间里,玩着电脑,听着音乐,客人走了还嫌烦?有些客人非常的惹人喜欢,让人愿意和他聊天,但还有一些的确很烦的人,什么"长舌妇"了,"饶舌汉"了,脸上不露出厌烦的表情你可以做到吗?

现在都提倡"文明从我做起",但为什么要这样做?"我",指的不仅仅是我,也指您,指的是在这个世界生活的每一个人,要从自身做起,因为文明可以"传染"给其他人,不文明也可以"传染"人。曾经发生了这样一件事情:

在一个星期天,一个小学生去书店看书,在地上盘腿坐着。这时候一个一岁左右的孩子,可能是对他凉鞋的式样感兴趣,一直不停的玩着他凉鞋上面的装饰,一位妇女,也就是孩子的母亲,看到之后就立刻走来了,他以为她会教育孩子讲文明,不要乱碰人家的东西,事实上,他只猜对了一半,孩子的母亲确实是来教育孩子的,不过教育内容不是"文明",而是"卫生"。"臭,臭臭"这位母亲说道。

那孩子就跟着说："臭，臭臭。"于是他只有以目相对了，无话可说！

    这件事情，明明是一位不懂事的孩子在没有经过人允许的情况下，去揪别人的凉鞋，他把别人的鞋子当成了违法的建筑一样，打算给拆了！他还小，什么都不知道，但是他的妈妈应该告诉他要有礼貌，这样做是不对的，但是她说的那句话，对别人来说会造成多大的影响啊。懂礼貌要从小开始培养，对孩子来说，自己的父母是第一个老师。如果父母都不教他们懂礼貌，谁教啊？这种"深奥"的道理不能教，但是有很多的时候就是从小在潜移默化中形成的，要引导孩子懂礼貌。故事里的这位母亲难道是要告诉孩子：他"别人脚臭，所以不能碰"？那"脚香"的能碰？

    这关系到"礼貌传染"问题，"传染病"危险在这个世界上谁都知道，一般情况下，孩子说的第一句脏话都是跟大人们学的。就是在大人闲聊时，他不经意间听到的。当时并没有觉得多么肮脏，多么难听，心里面反而还会觉得非常高兴，"哎呀，骂人的话我终于学到了，在其他小朋友再骂自己的时候，我就可以进行还击了"。看到这里也许你会不经意的笑出来，"这孩子什么思想啊？"小孩子就是这样学习思想加攀比心理。你会的我也要会，哪是好哪是坏我也不管，反正我大脑内存条里什么软件也没有安装，还有百分之九十九的可用空间，就将它记下来！

    所以，一个人在骂人，看起来就好像是他一个人"得病"了一样，其实"传染病"才是最危险的，这种传染病通过耳朵和眼睛进入大脑，对大脑程序进行破坏，把"文明细胞"和"礼貌细胞"全部杀死，所带来的都是一些"脏话病毒"，对其他脑细胞进行攻击，以非常快的速度扩散开来，并且他们光荣的"传染旅程"就是通过患者的嘴巴继续下去的。如果就这样发展下去的话，恐怕所有的人在交流的时候都会说脏话。有一个说的很好的广告："美丽，由心绽放"。美好心灵的"身份证"就是语言的文明，行动的礼貌。

　　文明和礼貌是一对双胞胎，只要讲文明，在说话的时候就会非常的有礼貌，在两个人交谈的时候也会变得非常愉快，自然礼尚往来，礼遇有加。如果所有人都能讲文明、有礼貌的话，我们的生活将会更加美好、和谐。让文明从自身做起，慢慢的影响身边的人，并和他们一起打造和谐社会。

　　有一些人心里面一点事情都藏不住，没有办法烂在肚子里；一些人说话心直口快，不管看到什么就一定要说出来；一些人在说话的时候不分对象，不管是谁都说；一些人是对和自己比较亲近的人，什么事情都说。

　　以上这些说话习惯都是一些坏习惯。在说出一些话的时候一定要考虑到后果，你说的内容，在别人知道之后会有什么样的反应，或对人造成什么样的影响都要考虑到。

　　如果想知道某些事情，但需要从别人哪里得到，可以有三种方法，第一种是心里不平衡法，在和他人讲话的时候讲些可以让他人心里不平衡的话题（或没面子，或感到一旦缺乏某些东西会得不到尊重，从而自卑），从而诱使他将与这件事有关的事情讲出来，这些事情可以让他的心理得到平衡。第二种是直接提出和这件事情有关的话题，看他能否围绕话题展开。第三种是对提供信息者给以利益激励。如：这样做的话有很多的下属都会将情报提供给上司。

　　只要有可以向别人炫耀的地方或事情，绝大多数人都会非常容易的在别人面前讲出来，导致这种情况的就是人的天性，证明自己的存在和求得他人的尊重，但是这样做的话就会很容易将自己的信息透露出来。

　　破坏人际关系最大的敌人就是在背后议论人的是非，因为很难说这个人是不是会把话题告诉其他的人，这个人与谁亲近，这个人的性格是否藏不住话或大嘴巴。一旦是非传到别人那边，将会对人际关系造成非常大的影响。

语言和思维存在的时候是相互依靠、共同发展的。思维的工具就是语言，思维和语言是密不可分的。二者如影随形，谁离开了谁都是不行的。一方面，没有语言，就没有办法进行思维活动，就没有办法表达思维成果，实际上，根本就不存在思维；另一方面，语言作为思维的工具，只有具有思维活动，存在的意义只有在思维过程中运用中才能表现出来，如果没有思维活动，交际和思想就变得无所谓了，语言工具存在的价值也会失去，根本没有存在的必要了。所以语言和思维是相辅相成的，二者存在条件都是对方。在进行思维的时候必须在语言材料的基础上，哪里有思维活动，哪里就有语言活动。语言和思维两者之间是相互适应的，思维发展水平有多高，语言的发展水平就有多高。

因此语言是需要思考加工的。

说话太直，易失分寸

东汉末年，曹操率领83万大军向江南进攻。这一天他刚对陆军大寨和水军大寨视察完毕，天色已晚，只见月光下的长江就好像一条宽大的白绸带子，江水平静，曹操的心情非常好，下令在大船上摆开酒席，弹奏音乐，大宴文武官员。这时一群乌鸦叫着飞向南方。曹操问：夜里乌鸦叫什么？有人回答：月光明亮，乌鸦还以为天已经亮了，才又飞又叫。曹操又大笑，拿起兵器，泼酒祭江之后说："我持这支槊，破黄巾，擒吕布，灭袁术，收袁绍，深入塞北，直抵辽东，纵横天下！"说着，面对着长江的美景曹操朗诵了他的"对酒当歌，人生几何"这首著名的诗《短歌行》。文武官员都叫好。唯独扬州刺史刘馥高声说："大战在即，将士们马上就要去战场上拼命了，为什么丞相要说这样不吉利的话呢？"曹操问他：我说了什么不吉利话？刘馥说：你的诗里"月明星稀，乌鹊南飞，绕树三匝，无枝可依"，就不吉利。曹操听了之后非常的生气，说："你竟敢扫我的兴！"一槊将刘馥刺死了。刘馥已经跟随曹操了很多年，功劳也非常的多。而且他"直言不讳"地也将当前的形势讲了出来：马上就要大战了，千万不能骄傲。但他当着众多官员，一点也没有顾及曹操的面子，结果丢掉了自己的性命。

从这个例子中我们可以看出来，不管有多么密切的关系，你有多少功劳，对他人都不能当众刺激。你这样做的话，就算是心胸宽广的人听了之后心里也会不舒服的。从这个地方就可以看出来，不分场合，不注意方式方法的"直言不讳"的结果一般情况下都不会太好。

秘密在每个人的心里都会隐藏着一点。这些秘密保守住了，对别人和自己非常的有好处。秘密，并不一定就是损人的，说不定也是为了某些人的利益才保守住这些秘密的，每句话都可以告诉别人，这种情况几乎不可能出现。之所以人要有自己的秘密，有时是为了大局，或者不想伤害了别人，做人做事，这一门学问真的很大，样样都坦白直率，有时候也并非是一件好的事情。有时把真相和真话赤裸裸地说出来，这件事情真的太可怕了。

有一个公司在开年终总结大会的时候，经理讲话时出了个错，他说："今年我公司利润上升，到现在已经创利230万元……"话音还没有落的时候，一个中层领导站起来，冲着台上正讲得眉飞色舞的经理纠正说："讲错了！讲错了！这个数字是年中的，现在已达到430万元……"结果全场的人都非常的震惊，把经理羞得面红耳赤，顿时情绪低落，这一句突如其来的话把他的面子丢得干干净净。

说话没有遮拦的人，认为那些迂回曲折的表达方式和人际交往中常用的外交辞令表现的都是软弱和虚伪，他们认为不管是什么样的话在任何场合都可以说，不择场合和对象，并且经常以自己的"直言不讳"而感到非常的骄傲。然而，这样的人永远都不可能取得太大的成功，尽管人们相信他们是诚实的。

口没遮掩的人，一般都是心里面藏不住话，发现别人的疏忽就想告诉其他人，说话不经过脑子，直截了当地指出，别人是什么样的感受他一点都不在乎。这样的人，是个"直肠子"，想到什么说什么，没有城府，人们最忌讳在众人面前丢脸、难堪，这一点他们却不知道。

现实生活中，因为说话太直、太过等有失分寸的原因，导致非常多本来不应该有的损失；因为办事太死、太乱等无视尺度的原因，许多本该成功的事马上化为乌有。所以，注意分寸在说话办事的时候非常重要。

看起来开口说话非常的简单，实际上却不是那么容易，会说不会说之间有很大的区别。古人云："一言可以兴邦，一言也可以误国。"

苏秦凭借着自己的三寸不烂之舌身挂六国相印，诸葛亮靠经天纬地之言而比百万之师还要强大。

相传，在古代的时候有一位国王，这个国王有一天晚上睡觉的时候做了一个奇怪的梦，梦见自己满嘴的牙都掉了。于是，他就找了两位解梦的人。国王问他们："我为什么会梦见自己满口的牙全掉了呢？"第一个解梦的人就说："皇上，你做这个梦的意思是，在你所有的亲属都去世之后，你才能死，一个都不剩。"皇上一听，非常的生气，杖打了他一百大棍。第二个解梦的人说："至高无上的皇上，梦的意思是，在您所有的亲属当中您的寿命是最长的啊！"皇上听了之后非常的开心，便拿出了一百枚金币，赏给了第二位解梦的人。

上面例子中两个解梦的人，因为话说的不同，一个挨打，另一个却受到嘉奖。这也是对两种不同的人生轨迹和命运的象征。生活中，每个人的生存方式都不一样，然而失败的人生可以有千万种，成功的人生却没有一样的。如果说，"相由心生"说的是一个人的性格可以从他的面部看出来。那么，一个人只要一张嘴说话，往往这个人的处事能力与做人的境界都可以从他说的话里面听出来。

第一种境界：开口就杀人。

所谓开口就杀人，就是平常我们说的出口伤人。这个世界上，有一种人说话直来直去、嘴上毫无遮拦，我们称这种人为炮筒子，这种炮筒子的人一般都不经过思考就把话说出来了，想说什么就说什么，既不分场合地点，也不分男女老幼，更不考虑对方是不是可以接受你所说的话，想放炮就放炮，虽然嘴上是痛快了，却在有意无意中使很多人的感情都受到了影响。炮筒子和直爽也是不一样的，直爽的人虽然不拐弯抹角的说话，但是绝对没有欺骗、耍弄他人之心。而炮筒子的人则是信口开河，不负责任地攻击别人，对别人的影响也从来都没有顾虑过。这种人说话想到的只是自己说了之后痛快，他人内心的痛苦从来不顾。

在炮筒子说话对人造成伤害的时候，根据所遇的对象不同，结果往往有两种。如果被伤害的对方是位修养很好的人，一般都不在意他所说的话，不会跟他一般见识。但在之后两个人相处的时候，采取的态度往往就是敬而远之。但被伤害的对方如果是个较真的或是个脾气不好的人，往往要和放炮的人针锋相对地理论了，两个人就会变成冤家。所谓冤家宜解不宜结，而这种开口就杀人的说话方式，一开口的结果只会有两种：第一种失去了一个真正的朋友，第二种凭白无故就会多一个敌人。

第二种境界：开口就烦人。

有一则笑话是这样说的：一间服装店里进来了一位稍微有点胖的妇人，这时售货小姐对她说：大娘，你太胖了，你可以穿的衣服我们店里面没有。这位太太正想反驳，小姐又加了一句：其实老了还是胖一点好。这位妇人听了之后更生气了，这个时候，老板娘从后面走出来，这位太太马上告状：我今天是招谁惹谁了，怎么才进店，就被你们店员说我又胖又老。老板娘很不好意思地赶紧赔不是，却对这位妇人造成了二度伤害，因为她说：我们这店员是从乡下来的，不是太会说话，但说的话都是真的。

说话直来直去的人实际上并没有什么恶意，但是这样做的话很容易对别人造成了伤害。现实生活中，有很多的性格都是心直口快，没有城府，从不拐弯抹角。有时候人们很喜欢这样的人，因为人们觉得他率直，在两个人交流的过程中感觉很轻松，可是有时候这样的人却很让人头疼，因为在无意之中就对别人造成了伤害，常常把人弄得下不来台，但是他又毫无察觉，你怪他吧，他并不是有意的；你不怪他吧，他一次又一次的让人生气恼火。这样的人真是让人头疼。

说话太过直爽的苦头北宋时期的寇准可是吃尽了。在《资治通鉴》里有这样一个故事：

大臣们在一起会餐，寇准的胡子不下心沾上了汤汁，丁谓站起来慢慢替他擦干净。寇准讽刺说，你身为国家大臣，你要做的就是替领导擦胡须的吗？这件事情发生之后丁谓开始记恨寇准。看上去寇准好像是在开玩笑，但实际上却是一种过于直爽的讽刺挖苦。自此，丁谓全力诋毁寇准，并且和同样受过寇准谩骂、讽刺、挖苦的大官结成同盟，如：王钦若、曹利用等，一起对付他，在皇帝面前经常说寇准的坏话。最后连皇帝也觉得寇准太不会说话了，寇准政治生命也随着这件事情慢慢的结束了，一而再，再而三被流放，一直到他在雷州去世。没有管好自己的口，说话太直就是寇准悲剧的根源。

也许你会说，我的性格本来就非常的直爽，说话的时候拐弯抹角实在不是我的风格。如果你平时说话太直，那么现在教给你一个办法：先问自己三个问题然后再开口说话：这是真的吗？这是善意的吗？这是有必要的吗？佛教中所说的开口的三扇门就是这三个问题。提出这些问题，至少能在开口之前给自己留一些时间进行思考，而有很多的麻烦都可以用这短暂的时间给省掉。

第三种境界：开口就服人。

有一个《触龙说赵太后》的故事是在《战国策》里面出现的。这个故事讲的是：

赵太后在刚开始掌握政权的时候，秦国急攻赵国，危急关头，赵国不得不向齐国求救，而齐国却提出救援条件，是让长安君到齐国做人质。赵太后溺爱孩子、缺乏政治远见，这个条件她是肯定不会答应的，于是大臣们就竭尽全力劝解赵太后，惹得太后暴怒，"有复言令长安君为质者，老妇必唾其面"。

看到发生这样的情况，深谙说话艺术的左师触龙并没有像别的朝臣那样一味地犯颜直谏，而是察言观色，看准时机再行动。他知道，赵太后刚刚执政，并没有多少政治经验，目光短浅，加之女性特有的溺爱孩子的心理，在她非常生气的情况下，任何谈及人质的问题都会让太后难以接受，劝说往往适得其反。

所以触龙在见赵太后的时候避开了敏感的话题，对让长安君到齐国做人质的事情一个字都没有提到，而是转移话题。先问太后饮食住行，然后又谈到了疼爱子女的事情，最后大谈王位继承问题。不知不觉之中，太后的怒气全部都没有了，幡然悔悟，明白了疼爱孩子的道理到底是怎样的，高兴地安排长安君到齐国做人质。

即使拥有再高的说话技巧，也不可能比一个"理"字还高。不管说什么话一定要讲理，要让别人能接纳领受，要有信用，要令人无懈可击。之所以最后赵太后会欣然信服触龙的话，愿意安排长安君到齐国做人质，关键在于他能够在动之以情的基础上，以理服人。有哪个父母不疼爱自己的孩子，爱孩子就要为孩子考虑的长远一些，就要让孩子有立身之本，不要仅仅依靠权势和父母。站在客观事实的角度，触龙步步诱导，旁敲侧击，明之以实，晓之以理，在全部的对话过程中一句和人质有关的话题都没有提到，但又每句都不离人质。迂回曲折之中将语言的奥妙显示的淋漓尽致,循循善诱之余又将事情的重要凸显出来了。

第四种境界:开口就乐人。

当一个人用生命去说话。这种境界的人说的话非常少,也不需要说什么。你只在他身边待上一会儿,他什么话都没有说,也没有发出一点声音。可是在从今往后的日子里你会有很多感触。其实他离以理服人并不远,只是前者是搭售强卖,而后者是免费赠送。当你知道自己已经获得利益,想去感谢他的时候,他已经飘然远去。甚至他不是刻意要将什么留给你,甚至也不知道自己把什么给你了,所以说你大可以把这一切看做是你自己的感悟。这和一部好看的电影是一样的,感悟与心得每个人都不一样,但是这些感悟与做人的道理在电影里却没有强加给你。

"天人合一"是说话的最高境界,真正的大师在和你交流的时候应该是从深层的心灵角度,是一种情感的沟通,这时候所交流的语言可能是最普通、最不起眼的,却也是最朴实、最能打动人的,正所谓真水无香,真爱无痕。这像是一种返朴归真的境界,或许他的语言,明明说起来一点点花哨的意思都没有,却能直直的渗入人的心坎里,可以表达的刚刚好,而多余的赘述也没有。他们阅历丰富,且极有涵养、极有悟性,能够推己及人,他们的话是出于自身的一种积累,一种提升,周围的人都可以听进去并且还非常的相信他所说的话。简单一点说就是,不管他说什么话别人都愿意听。

礼貌用语，彰显品德

现代交际中，一个人的成功或失败，都会受到是否能说，是否会说，以及掌握言谈交际相关知识能力的多少的影响。"金口玉言"、"利言攸先"这两个词经常出现在生意场上；政治场上常有"领导过问了"，"一言定升迁"；文化界常有"点睛之笔"，"破题之语"；"生死荣辱系于一言"是生活中经常使用的词语。

在社会上，人人所拥有的能力都是不一样的，想要对他们快速了解，不妨看看他们语言表达能力的高低，说话的艺术就是其主要表现的地方。人的心灵可以被语言的力量所征服。有一把万能钥匙就是成功的口才，各种困扰人们彼此沟通交流的锁它都可以打开。有了它，两个原本不熟悉的人可以慢慢成为好朋友，可以消除长期形成的隔阂，甚至公司之间、社会团体之间、国家之间的矛盾有时也可以通过它得到解决。如果在交往的过程中使用的语言不当，则可能导致交际失败，甚至自己的形象也可能受到影响。

任何人际交往都是在交际双方所结成的心理距离中进行的，人际交往成功的一个必要条件就是适当的心理距离。相互之间的心理距离通过语言可以拉近或推远。要想拥有圆满而顺利的社会生活，非常重要的是有分寸地使用恭敬的语言。这类语言在运用和表达的时候要依据时间、场合、目的微妙而不同。

维护良好人际关系的方法之一就是适度的礼貌。人与人之间的礼貌，有一定的形式、程式和措辞等，每一个人都必须遵循。"殷勤过度，反而无礼"。法国作家拉伯雷曾说过："外表态度上的礼节，只要有一点知识的人就可以做到；而若是想将内在的道德品行表现出来，则必须具备更多的气质。"那么有些人从言辞到行动都是很恭敬的，这样的人也许是缺少了某些气质。

他们在很短的时间内就可以接受一个新的事物，在日常生活中遇到新鲜言辞就可以运用，而且有跃跃欲试、不吐不快的冲动。没有主见是这种人的缺点，在遇到困难的时候不可以独立面对并加以解决，易反复不定，左右徘徊，有比较软弱的性格。如果这种人可以沉下心来认真研究问题，对自己的意志进行锻炼，在商业中一定会成为高手的。

在和人交往的时候，有一些人一般总是低声下气，始终用恭敬的语言、赞美的口气说话。在刚开始交往的时候，也许对方会感觉非常的不好意思，但绝不会讨厌这些人。然而，随着交往逐渐的加深，这种人的态度对方便会渐渐的察觉，而且会非常的生气。这时对他的评价，大部分都会变成："原来那个人是一个口是心非、表面恭敬的人！"

这种人在幼儿期受到的教育一定是严厉而又错误的，特别是和礼节有关的方面。因此，那些在一般人看来是可容许的欲望，却不为他们的良心所许可，导致他们产生了恐惧、罪恶和不安等感觉。于是，他们便在内心深处压抑，并死死禁锢着种种欲望、冲动和情绪。但是，长时间以来被压抑的欲望、冲动和情绪会变得越来越多，直到有一天形成强大的冲动而发泄出来。这一点他们也察觉到了，为了掩饰这一点，便启动反作用的心理防卫机制——对人更加恭敬。这等于说，这类以令人难以忍受地过分谦恭的态度对待别人的人，实际上在他们的内心深处一般都郁积着对别人的强烈攻击欲。

日本语言学家桦岛忠夫说："敬语显示出人际关系的亲疏、身份、势力，一旦使用不当或错误，彼此之间应该有的关系就会受到干扰。"在某种无关紧要或特别熟悉的人际关系中，恭敬语我们根本就没有必要使用。不过，在很亲密的人际关系群中，如果碰见有人在和你说话的时候用了恭敬语，那就得小心了：是不是有新的障碍出现在了你们之间？如果在交谈中对方常常无意识地使用敬语，就说明你与对方心理有非常大的一段距离。如果有人经常使用敬语，就表示有激烈的嫉妒、敌意、轻蔑和戒心。所以，当一个女人对男人说话时，如果敬语使用的很多，所表达的绝对不是尊敬他的意思，反而"我对他没有一点意思"，或是"我根本就不想和这类男人接近"等强烈的排斥情绪。

有些人已经交往了很长的时间，两个人彼此之间也非常的了解，但是，双方在交流的时候依然在使用客气与亲切的言辞，说话也十分谨慎。在这种情况下，如果双方不是在心理上怀有冲突与苦闷，就是在双方的心中存在敌意。反之，有人故意使用谦逊与客气的言语，是因为这种方式和态度是他们企图利用闯进对方心里的计划，将对方心中的警戒线给破坏掉，实际上，在于对对方进行掌控，实现居高临下的企图才是他们真正的动机。

还有一些人，没事经常发牢骚，一件鸡毛蒜皮的小事，翻来覆去地说就是这类人最典型的特征。他们往往是好逸恶劳，并且还非常喜欢享受。虽然一直想改变自己的处境，但却只是安于现状，坐享其成，也只是说说罢了，从来都不付出实际的行动。当遇到挫折和困难的时候就选择逃避，真正失败的原因从来都没有总结过，通常都归结到外界的因素上，对他人有非常严格的要求，但对自己的要求却非常的宽松。总是希望自己可以得到非常多的回报，自私自利，缺乏容人的气度。

在现实生活中，有很多发牢骚的人。这种人在职场、家庭、社交场合中，喜欢喋喋不休，有感而发。

有些时候，我们走进公司或企业的办公室时，这样发牢骚的话就经常听到：

"既要我们把业绩提高，又要我们天天填日报表，真是太烦人了！"

"我们可是天天在外奔跑的人，哪有时间坐在桌前填写日报表？科长只知道坐在办公室里悠闲，我们的辛苦他根本就不知道！"

"唉！今天接到命令，又要加班了，真是的。现在是决算期，说来也无可奈何，但是看看别的单位的人，下班铃声一响，就走得一个不剩。干会计这一行，实在是太不划算了，真想调到别的部门去。"

"哼，他说营业日报表必须按日提交才算营业报表。根本没有必要将这句话特意提出来。这个道理就算是小孩子也会懂的！"

在每家公司都可以看到这种大鸣不平、大发牢骚之人。

有些发牢骚的人，在思想上坐享其成的人占了一大部分。坐享其成、安于现状、不思进取，大好的前途这种人怎么会有？不平、不满的对象无论是公司，还是家庭，或是上司、部属、同事、顾客、丈夫、太太、孩子……那些牢骚满腹的人，对自己要求松，对别人要求严，要求给予更多的回报是这些人共同的特性。从不设身处地替别人想是这种类型的人共同的缺点。他们是自私自利、气度狭小的人，这样的人人们往往都会远离。

口才是一门语言的艺术，是用口语巧妙将思想感情表达出来的一种形式。懂得语言艺术的人，懂得相处之道的人，让别人和自己的观点一样，他并不会这样做，而是巧妙地将他人引导到自己的思想上来。那些善于运用口语准确、贴切、生动地将自己思想感情表达出来的人，在办事的时候都比较圆满；相反，有些人对语言艺术根本就不懂，在办事的时候就会让自己陷入困境。

在人类社会的不断发展中，语言起的作用其他的任何东西都是不可代替的，人与人的交往，社会一直在不断的进度，可以说任何一项事物的发展，都需要语言作为推动力。有的时候不经意间的话语都可以带来很大的好处，但是有的时候也可能带来非常惨重的后果。生活中，我们也会不经意间的说错话，其实有时候是可以避免那些不好的事情发生的，所以也希望大家在说话的时候要慎重，在做事情之前一定要好好的考虑考虑，否则有可能会产生非常严重的后果。

作为上司，作为权力的拥有者，在工作需要的情况下，自己的身份、地位在有些场合确实可以强调，以便将权力的职能作用充分的发挥出来。但是，作为上司要以正确的态度来认识手中的权力和下属，千万不要因为拥有一定的权力就觉得自己好像比别人高一等，处处以严肃的面孔出现，每时每刻给人的感觉都是居高临下的。这样的上司会让下属觉得其面目可憎，从而不愿接近他。作为上司，与下属建立融洽的上下级关系就变得非常的困难。

有一次，拿破仑在战争中胜利了，他洋洋自得地对秘书说："布里昂，你也将永垂不朽了。"看着自己的统帅，布里昂感到非常的迷茫，拿破仑看见他不明白自己说的话，于是进一步解释："你不是我的秘书吗？"意思是说布里昂可以沾他拿破仑的光而扬名于世。布里昂这个人拥有非常强的自尊心，于是他反问道："请问亚历山大大帝的秘书是谁你知道吗？"拿破仑听了，竟一时语塞答不上来。但是拿破仑不但没有对他进行责备，反而为他喝彩："问得好！"布里昂的一句问话就巧妙地对拿破仑进行了暗示：亚历山大名垂青史，但他的秘书是谁却没有人知道，因此拿破仑也明白了自己的失言。

有些上司真正有成就、有修养，不管是在生活还是在工作中都看起来很容易相处，尊重下属，与下属平等相处。只有这样做，你才能赢得下属的真心拥护和爱戴，自己的威信才能真正的树立起来。

作为上司如果可以做到这一点的话，首先他的言行必须要平民，从内心深处尊重下属，对人随和、亲切，而不要自抬身价、故示尊严，使人觉得你高不可攀，仿佛一尊巍巍的塑像。这样做的话你的下属也许会对你产生敬畏，但却不能使人亲近。这样的话要与下属建立融洽的人际关系根本是不可能的，因此，他自己的生活工作也会变得孤寂、死气沉沉的，没有一点朝气。

　　当下属在工作中出现了错误，作为上司在对下属进行批评的时候，"笨蛋"或"混蛋"这一类的字眼千万不可以用。因为这样语言过激的责骂，不但会对部属的自尊心进行伤害，你对他的这个侮辱还会让部属一辈子都记得。除了这些之外，批评下属的时间也不应该太长，特别是在下属对自己所犯的错误已经认识到的时候，当你发现下属已有改悔的意向时，就算是进行批评也没有事。

　　在对下属批评过之后，别忘了适时地对处于情绪低潮的下属给予安慰。为了让挨了骂而沮丧万分的下属有勇气重新开始冲刺，对下属的信心应当适时地安慰激励，使下属重振精神是很重要的。但是，安慰的时候也要讲究方法，别让下属以为你是因骂了人后悔才安慰他。这样会产生让下属看轻你的不良影响。所以在斥责之后安慰之前，保持的时间必须要适当，在半天到一个礼拜之间是最好的时间。

　　只有在经过谨慎的思考后使用语言，然后人们的认可你所发出的语言，才会使自己充满魅力，因此约束自己的语言是我们每个人都应该学会的。

言语细节，不可忽视

无论在做任何的事情，细节千万不要忽略，一个人的品位和修养在小节中更能显示出来。你的好人缘就是小智慧成就出来的。打动人心的生活小节，让人喜欢的说话方法，每天进步一点点，好人缘就这么简单。要想吸引朋友，拥有好的习惯是最重要的前提。从小处入手，会说话、会做人、会办事，才可以做到交游天下。

如果你认为急于表达、争论不休，借钱不还，还自吹自擂，这些表现都是一些小缺点的话，那么你就错了！因为这些缺点会非常快的混合在一起！和平常就显示出其中至少三种缺点的人交往，你愿意吗？如果你想做一个不让别人讨厌的人，那么从现在开始就应该马上远离这些缺点！

使你说话具有说服力的十项提示：

1. 要以权威的腔调讲话。为了达到这个目的，讲话的内容你必须要非常的熟悉，你对讲话的题目有越深刻的了解，你讲得就会越生动透彻。

2. 使用简单的词汇和简短的句子。最好的文章都是一些最简洁的文章，让人理解起来比较容易，可以说关于讲话和对话的道理也是一样的。

3. 使用具体和专门的词汇和词语。耶稣是绝对掌握了这种艺术的人，他说话使用的词汇和发布命令所使用的词语都是简单、简洁、一语中的并且容易理解的。例如，他说的"跟我来"不会有人不明白。

4. 一些不必要的词汇尽量避免使用和说一些没有用的事。

5. 说话要直截了当而且中肯。如果你想在你所说的各种事情上都取得驾御人的卓越能力，集中一点，不要分散火力是一个最基本的要求。相信靶心你肯定会击中的。

6. 不要夸口。夸口或者言过永远不要做，而且在陈述你的情况时还要动脑筋把一些余地留给自己，这样你就没有必要担心会遇到什么责难。

7. 对待听众不可盛气凌人。即使你要讲的这个专题对你来说非常的擅长，并有一定的名气，你也没有任何理由盛气凌人地对待听众。

8. 要有外交手腕及策略。在适当的时间和地点去说适当的事情，对任何一个人来说不得罪人的一种能力就是圆滑老练。特别是当你对付固执的人或者棘手的问题时，你更需要圆滑老练，甚至需要使用外交手腕。其实这件事情做起来也不是那么困难，就像你用对待一位夫人的态度对待每一个女人，就像对待一位绅士的态度对待每一个男人。

9. 要为你的听众提出最好的建议，不要为你自己提出最好的建议。如果这一点你做到了，你脚下的地盘谁都没有办法抢走，你也就永远立于不败之地。

10. 对所有问题要坦率而开诚布公地回答。如果前面列出的九项提示你都照着去做了，这一条你就会自然而然地做到。

一般说来，人们在和自己同等级、同层次的人交谈的时候，表现比较正常，行为举止都会比较自然、大方。但是，在与比自己地位高的人交往时，就会变得紧张，表现比较拘谨，并且还有很轻的自卑感；反之，如果讲话的人比自己的社会地位低，就会表现得比较自如、自信，有时候甚至比较放肆。

比如，在自己的上级面前有的人从不敢"妄言"，在同一科室里面说的话也不多，可是在自己的下级或所管班组面前讲话时，就会表现的落落大方，侃侃而谈。在一般人面前有的则总是摆出一副能者的架势，可是在见到权威之后马上就变得十分驯服和虔诚。

因此，上下级之间的讲话，要尽量避免采取自鸣得意、命令、训斥、使役下级的口吻说话，要将架子放下来，对待下级的时候采用平易近人的方式。这样，下级才会向你敞开心扉。谈话活动是双方的，只有感情上的贯通，才是所谓的信息的交流。

除说话本身的内容将平等的态度表现出来之外，还通过语气、语调、表情、动作等体现出来。所以，不要以为是小节，纯属个人的习惯，上下级的谈话是不会受到影响的。实际上，这和下级是否敢向你接近有很大的关系。此外，上级在和下级谈话的时候，开场白的作用一定要重视。为了使感情接近，没有拘束感，不妨与下级先扯几句家常。上级同下级说话时，否定的表态是不适合做出来的："你们这是怎么搞的？""有你们这样做工作的吗？"在必要发表评论时，分寸一定要掌握好。点个头、摇个头都会被人看作是上级的"指示"而贯彻下去，所以，容易产生失误的原因就是轻易的表态或过于绝对的评价。

例如一位下级将某改革试验的情况汇报给上级，作为领导，这时候最适合做的事情就是提一些问题，或作一些一般性的鼓励："这种试验很好，可以多请一些人发表意见。""你们将来有了结果，希望及时告诉我们。"具体问题这种评论并不涉及，可以留有余地。

如在下级的汇报中上级认为有什么不适合的地方，需要更谨慎的表达出来，尽可能采用劝告或建议性的措词："这个问题能不能有别的看法，例如……""不过，这个意见只是我个人的想法，你们可以参考。""建议你们看看最近到的一份材料，看看有什么启发？"这些话，起到的作用就是对下属尽量启发，在下级手中仍然掌握着主动权，对方容易接受。

下级对上级说话，避免采用过分胆小、拘谨、谦恭、服从，甚至唯唯诺诺的态度，对诚惶诚恐的心理状态进行改变，而要活泼、大胆和自信。

下级跟上级说话是不是成功，影响的不仅仅是上级对你的观感，你的工作和前途有时候也会受到影响。

跟上级说话的时候，要采用尊重的态度，一定要慎重，但不能一味附和。"抬轿子"、"吹喇叭"等，这样做的话只能损失自己的人格，却得不到重视与尊敬，而且还有很可能会引起上级的反感和轻视。在对独立人格保持的前提下，采取的态度应该是不卑不亢。在必要的场合，勇敢地表示自己的不同观点，只要你从工作出发，摆事实，讲道理，一般情况下领导都会对提出的意见尽量考虑的。

上级的个性还应该进行了解。虽然上级对你来说是领导，但是首先他是一个人。作为一个人，他一样具有性格、爱好，也有语言习惯等。如有些领导性格爽快、干脆，有些领导则沉默寡言，每一件事情都要考虑很长时间，你必须要清楚的进行了解，不要认为这是"迎合"，这正是一种学问，运用的是心理学。

此外，还要选择在合适的时机和上司进行谈话。上级一天到晚有很多的问题都是需要考虑的。所以，假若是个人的事情，就不要在他埋头处理大事时去打扰他。你应该根据自己问题的重要与否，在反映的时候也要选择合适的时候。

谈判中获得对方信息的一般手段就是提问。通过提问，除了可以从中获得众多的信息之外，对方的需要也往往会从中发现，也可以从中知道什么才是对方所追求的，对谈判来说指导作用是非常大的。另外，提问还是谈判应对的一个手段，也变现出了谈判者的机警。实践中，谈判过程不一样，也有不同的获得信息的提问方式。一般情况下，有以下几种方式可以进行提问。

1. 一般性提问，如"你认为如何？"等；
2. 直接性提问，如"谁能解决这个问题？"等；
3. 诱导性提问，如"这不就是事实吗？"等；
4. 探询性提问，如"是不是？""你认为呢？"等；
5. 选择性提问，如"是这样，还是那样？"等；
6. 假设性提问，如"假如……怎么办？"等。

除了方式不同外，以下几个问题也是必须要注意的：

首先，要提出恰当的问题。使对方接受的判断如果按问题规定的回答方式可以得到的话，那么这个问题就是一个恰当的问题，反之就是一个不恰当的问题。所以，在磋商阶段，谈判者要想有效地进行磋商，首先争论的问题必须要确切地提出来，含有某种错误假定或敌意的问题应该尽量避免提出来。

其次，要提出一些有针对性的问题。也就是说在提问的时候要把问题的解决引到某个方向上去。在磋商阶段，一方为了试探另一方是否有签订合同的意图，谈判者在提出各种问题的时候必须要根据对方的心理活动运用各种不同的方式。比如，当买主不感兴趣、不关心或犹豫不决时，卖主问的一些问题应该具有引导性："你想买什么东西？""你愿意付出多少钱？""你对于我们的消费调查报告有什么意见？"等等。在这些引导性的问题提出之后，根据买方的回答卖方可以找出一些理由来将对方说服，并促成对方与自己进行交易。

再次，提问题必须审慎明确。审慎运用问题，让你可以轻而易举的做到引起对手立即的注意和使之对问题保持持久的兴趣。出来这些之外，经常地提出问题，你的对手也会有点偏向你所期望的结论。由于一个具有相当力量的谈判工具就是提出问题，因此必须要审慎明确的运用。讨论或辩论的方向也是由提出的问题决定的，谈判的结果经常也会受到适当发问的指导。提出问题可以对收集情报的多少进行控制，并可以刺激你的对手慎重地考虑你的意见。为了对你的问题进行答复，你的对手不得不向更深的地方思考，他会更谨慎地重新检测自己的前提，或是再一次对你的前提进行评估。

在社交言谈中，驾驭语言的功力也是要拥有的，要学会自如地运用多种语言表达方式，对各种各样的语言风格不断的探求。生活中，有时需要直言不讳，有时则需要含蓄、委婉，要使语言发挥出更佳的效果，我们应该怎样做呢？

有一种修辞手法，就是所谓的含蓄、委婉。它是指在讲话时不直接将事情的本意表现出来。而是用委婉之词加以烘托或暗示，让人思考一下，在得出原来的意思，并且越揣摩，就会产生越多的含义，因而吸引力和感染力也就变得越多。例如：

两度竞选总统都败给了艾森豪威尔的史蒂文森，他就非常的幽默。在他第一次竞选败给艾森豪威尔的那天早晨，他以充满幽默力量的口吻，在门口欢迎记者："进来吧，来给烤面包验验尸。"

在社交场合中，经常使用的一种语言表达技巧就是隐约之词。它可以将那些难以表达出来的话表达出来。实际上，在生活中，无论是谁，都会有些事情是不方便直接表达出来的。如青年男女向异性求爱，虽然"姑娘，我爱你"，"小姐，嫁给我吧"，"心爱的，我向你求婚"之类的直率描写也在很多的文学作品中出现过，但这种勇气大部分人还是没有的，而使用最多的白搭方式都是用婉语。人们在说话时，又经常使用故意游移其词的手法，给人以风趣的感觉。有人谈到某人相貌丑陋时，说"长得有特色"，谈到某人对一个人、一件事有不满情绪时，说他对此事有点"感冒"，等等。事情的本意都委婉地表现出来了，但使用语言的规律又没有违反。

[善用谎言，关系更融洽]

人们都不会喜欢那些喜欢说谎的人，同时，人们也不会喜欢不懂变通，连一句谎言也不会说的人。为什么会这样呢？道理很简单，"水至清则无鱼，人至察则无徒"，一个不会说谎的人，就意味着，无论在什么场合或是面对怎样的人，都会做到实话实说，但有时候这样却并不能得到别人的欢迎。

说谎是一种不好的习惯，但是只要我们可以善用谎言，也不失为一个好的办法。因为在生活中，有时候我们需要一些善意的谎言来帮助自己，或是他人免受一些不必要的伤害。

刘鹏是一个普通的白领，并且在一家商贸公司上班，一天下班后，他和同事李涛走在一起。而那些天，由于李涛的心情很不好，以至于与老板的关系停留在了一个十分紧张的阶段。二人边走边聊，李涛控制不住自己的情绪，指出老板对待他的种种不公平，并且越说越愤怒，最后竟然将老板的无知、浅薄及一些丑事统统都讲了出来，即使这样也没有使他消火，甚至还忍不住又将老板大骂了一通。

这件事情过后的一段时间，有一次，老板和刘鹏单独出去，这时老板忍不住也在刘鹏面前谈起了李涛，而且从言语之间也表现的非常不客气，怒斥李涛的不顾大局、平庸无能、不思进取、不善开拓等诸多缺点，最后，老板还不忘询问刘鹏，李涛有没有在他面前说过自己的坏话？

作为一个个诚实的人，面对老板这样提问，刘鹏该怎么办呢？无疑，刘鹏面临两种选择：一种选择是说个善意的谎话，不把李涛推向绝境；另一种选择是实话实说，把李涛的话原原本本地告诉老板。这时候，如果刘鹏选择前者，老板听到后在心里会觉得很舒服，并且他此时的怒气也会慢慢地消下来，而且也会在冷静的情况下，采取公正合理的将他与李涛之间的关系处理好。但如果刘鹏选择后者，并将李涛说过的话如实的告诉老板，那么，不但老板会在心里记恨李涛，并且找寻机会教训他；就李涛在以后知道这件事后，也会将刘鹏记恨上。

而且，我们还不要低估那些做老板的人。假如刘鹏的那位老板是个非常精明的人，他会进一步设想，你刘鹏在我面前讲你同事的坏话，肯定会在其他人面前讲你同事的坏话，说不定也在其他人的面前讲过我不少坏话。这时候，这位老板就会对刘鹏产生怀疑，并且对他采取一定的防范。这样的话，刘鹏便会两边都不落好，甚至是将两边都得罪了。

针对刘鹏此时所面对的情况，如果选择使用谎言的话，刘鹏便能使三方面都得到好处，但是如果讲实话的话，那么，任何人都将会受到伤害。可见谎言在人际关系中也有着其特殊的作用。每个人都有优点和缺点，金无足赤，人无完人。作为一个凡夫俗子，我们每一个人的身上都有着自己的喜怒哀乐。每个人对自己、对他人都常常有各种各样的不满，任何人在一起，都难免东家长西家短地对别人进行一番议论，有时候会因为太过兴奋，而不能控制自己的情绪，导致会说出一些过激的话语，但是这些由一个人在自己的情绪得不到很好的控制下所说出的评价并不见得是客观公正的。如果人们在彼此交往中又把这些话语四处传播，那么，大家都将会受到这些流言蜚语的伤害，彼此之间的感情也会出现裂痕，而整天面对这样紧张的人际关系，人们的生活也将会越来越疲惫，最后使彼此的身心受到伤害。

因此，在生活中或是工作中，适当地说一些小小的谎言，可以使我们的人际关系更加的融洽，同时，彼此之间也会变得更加的亲近。

就像上面的所举的例子那样，如果刘鹏在那时候选择对老板说实话，那么，对正处于气愤状态上的老板来说，无异于火上浇油，并且还将会促使老板与李涛的关系更加紧张。而如果不说实话，撒一点小小的谎，那么，事情的结局将会变成另一种结果。假设他这样对老板说："李涛人挺好的，他从没有在我们面前说过什么闲话！相反，他倒是挺佩服老板的魄力的，而最近之所以变的不开心，他说可能是在某些事情上与他人闹了点小误会，但是，他说他会很好地处理的，并会很好的去调节自己的情绪。你放心，这件事情，李涛他自己就能够处理好。"

听到这样的话，相信此时老板的怒气便会马上消退下来，与此同时，他也会立刻反躬自省，认真地考虑对待员工的问题。而原本一场可能导致两人大动干戈，甚至让老板难堪、同事失业的争端就此化干戈为玉帛了。即便以后有一天老板发现刘鹏讲的并不是实话，他也不会怪罪刘鹏，相反的，他还会认为刘鹏是一个为人厚道、心地善良的人，即使对自己撒了一个小谎，那也是为了大家可以和平共处的一个善意的谎言，这是他的一片好意，又怎么能怪他。

在生活中，我们常常会说这样的一句话，"会做媳妇的两头瞒，不会做媳妇的两头传"，说的也是这样的一个道理。在家庭生活中，有一些鸡毛蒜皮的小事往往不能太过于固守真实，不能太较真，这时候，不妨说一些善意的谎言，这样我们的生活才可以得到一个美好而又圆满的结果。

谎言不可要，但是一些善意的谎言却是我们生活中必不可少的一种保持和谐的方式。所以在生活中，面对一些情景，我们不一定非讲实话，因为实话有些时候对人、对事是无益的。既然实话会伤害别人，我们为什么一定要实话实说呢？何不说一些善意的谎言，用这些善意的话语去化解这些生活中的尴尬和误会，这样做也不失为一种明智的选择。

有一对夫妇到外地打工，在外面的日子他们过得很清苦。女人每天早晨三四点钟去农贸市场买一些蔬菜，在天亮以后，便会找一个小巷躲着城管人员在那里坐卖。而她的丈夫则在一家建筑工地卖苦力。然而逢到过年过节，他们总是穿戴一新，拎着大小礼品回家看望父母，并且满脸笑容的告诉父母，说自己在外面的工作比较清闲，而且也比种田挣到的钱多，但是他们不知道，父母早已经从女人清瘦的面容上洞察了一切，所以，每次他们送东西过去的时候，都被父母给拒绝了。

在家的时候，偶尔一次女人发现，她的母亲要去城里走一家亲戚，母亲却为了一双皮鞋，连续找了好几家邻居才借到一双皮鞋。面对母亲的这样的困境，女人看在眼里，疼在心里。去打工的路上，她跟丈夫说："再回家，一定得给妈买双新皮鞋。她这辈子，没穿过皮鞋！"而她的丈夫也很痛快的表示同意。

快到回家的时候，女人也终于将皮鞋买到手，但是，面对这双崭新的皮鞋，她却开始犯难了，一双新皮鞋母亲肯定拒收，因为她的脸依然清瘦憔悴，如果母亲真拒收新皮鞋，那么，这鞋又要怎么样处理呢？突然，她想到了城里到处都有人拾垃圾的情景。顿时，她脸上露出了幸福的笑容。于是，她连忙吩咐丈夫，把新皮鞋折皱，自己又捧着尘土往新皮鞋上洒。面对妻子这样的举动，丈夫的脸上满是不解。当他们再去看望父母时，他们除了那双满是灰尘的皮鞋什么都没有带。见到父母的时候，女人满脸难色，怯生生地说："妈，这次看你们，我依着你们的意思，真没带什么礼品！不过，我在城里的垃圾堆里捡到一双还不算太旧的皮鞋，我看来一下尺码，正合您的脚，就给您带回来了！"当母亲接过皮鞋，将皮鞋上的尘土擦了一下，一边试穿皮鞋，一边不禁惋惜地说："这城里人真够浪费的，好端端的一双鞋就这么给扔掉了，真可惜。不过，这下可好了，以后再去城里的亲戚家，我就不用再去借皮鞋了！"正当她和丈夫会意地对笑时，却听到母亲又来了一句："以后再进城的时候，再留意一下，看看能不能给你爸也捡一双，他长这么大也没穿过皮鞋呢！"听到这里，女人和家人全都忍不住开心地笑了起来。

除了这样的善意的谎言以外，在社交礼仪中也必须懂得说一些奉承他人的话，尽管在这些话中，多是含水分的，其中有很多都是空话、大话连篇，听着那些千篇一律的空话套话，虽然我们在心里并不会感到很开心，但是，如果人类缺少这些空话与谎话，那么，也就不要去谈什么社交礼仪了。

最近，老王家新添了一个孙子，因为老王一家人很好，所以在满月酒的那天，来了许多庆贺的宾客，当看到被抱出来的可爱的小孩的时候，大家都不免对这个小家伙评论一番。小李说："令孙将来一定能够福寿双全，飞黄腾达的，为你们老王家光宗耀祖！"小罗说："人都是一样的，这孩子将来也会长大、变老、死去！"于是，在宴席上，小李受到了老王家的热烈欢迎，被奉为上宾，而小罗却受到相反的待遇，不仅其他客人对进行鄙视，就连主人家也对他冷眼相待。

我们可以说小罗没有说实话吗？当然不可以，但是这样的实话在这样的场合中无疑是不会讨到别人的喜欢的。相反，尽管小李说的是假话，一个人"福寿双全"是很难的，但就是这样的假话，却能够讨得了主人的欢心，因为在主人的心中也是这样期望的。试想一下，谁不希望自己的子女平安幸福呢？

尽管有时候人们很讨厌那些喜欢拍马屁的人，但是人们不得不承认那些奉承话确实很大程度的满足了人们的幻想与虚荣心，使人从困境与艰难中解脱出来。

它让人觉得自己在别人的生活中是受到尊重与重视的，所以，在生活中，一些适当的谎话和奉承的话是必不可少的，所以卢梭在《忏悔录》中说："我从没有说谎的兴趣，可是，我常常不得不羞愧地说些谎话，以便使自己从不同的困境中解脱出来。有时为了维持交谈，由于我迟钝的思维，干枯的话题，不得不迫使我去虚构一些事情，以便使我可以有话可说。"生活中，真实是重要的，真诚更加重要，这对人生、对社会无疑是有更大价值的。但是我们也不得不去正确的认识现实的生活，我们所处的社会是纷繁复杂的，大家都是凡人，每一个人都希望自己是一个成功的人，都期望自己能够出人头地。每个人心中都有这样或那样的欲望和念头，如果我们不能正确的认识自己所处的环境，不加选择，不分对象，不分场合的什么都实话实说的话，那我们就会被人当成傻子。所以，人不是不可以说谎，但是你一定要很好的把握着实话与谎言之间的分寸和尺度，只有这样你才能够使自己被大多数人接受，也只有这样你才能建立起一个广泛的人际关系。

隐藏在肢体动作中的心理学

❷

也许我们不能很好的去分辨听到的事情的对与错,但是,我们却可以从一个人的一些行为动作上看出他的内心。在生活中,人们的一些动作的发生总是结合着自己的内心,而且很多心理专家也都是通过对病人的动作分析来辨别真伪的。一个小动作就是一种情绪的表达,所以,我们要养出一双敏锐的眼睛,去看透生活中谎言,并为我们的生活传出一种积极的正能量。

[公众场合，言行举止更要得体]

随着社会的不断的发展和进步，人们的集体素质不断的提升，公共场所礼仪也越来越受人们的重视。举止是指一个行为人在特定场合的各种活动中，较稳定的礼仪行为。在心理学上，人们将举止称为"形体语言"，意思是指人的肢体动作，是一种动态中的美，是风度的具体体现。从某种意义上来说，一个人如果拥有优雅的举止，而又文明的行动的话，将会为自己带来意想不到的好处。举止礼仪并不是个别人规定出来的，而是被大多数人经过实践并被充分认可的。所以，如果你做不到，就会遭受到大多数人的鄙视，并且他们还会认为这是你对他们的不尊重，从而选择冷落你。

那么，哪些行为举止是不被人们所接受的呢？就让我们来举一些简单例子。如：不遵守交通规则。在我们经过路口的时候，总是会发现有行人乱穿马路，车辆走逆行道，出租车任意停靠，自行车和机动车抢道等。所有这些不好的行为，已经变成了很多人的习惯。同时，也为我们的出行带来很多不便，而且还总是造成一些惨剧的发生。

不遵守公共秩序。比如，在乘电梯、走楼道的时候，有的人总是随意的走动，不知道遵守走右边的习惯；乘车、购物、办事的时候，不知道排队；车上不但见到老人不让座，甚至还会跟老人抢座。在公共绿地上，总是有人无视上面醒目的"不许践踏草坪"牌子，偏要在草地上面随意的走动。

在公众场合做一些不雅的举止。在很多的公众的场合中，我们总是会看到有人在大庭广众之下，解衣松带，毫无掩饰地化妆、用牙签，吃饭响声大作，不用公共筷、勺。还有人不知道避讳，在公共场所谈笑风生。还有人在公众场合大声的接、打手机，而不知道考虑周边的人的感受。在剧院里面叽叽咕咕地吃零食、瓜子。还有人有在公共场所随手扔垃圾，随地吐痰等行为。

要想知道一个人的修养如何，我们可以从他的行为举止中观察到，因为人们在举手投足之间，就已经向我们表达了我们想要的答案。是否具有优雅的行为举止，在个人的形象塑造和事业的成功中是具有至关重要的影响的。

在不同的职位中，秘书的工作对于优雅的举止具有很严格的要求。其中首要的便是要求其具有养成文明优雅的举止习惯，在待人接物上稳重自持，不卑不亢，落落大方。所以，在作为一个秘书，首先都会被强调要有"举止有度"的原则，即要求秘书人员的举止合乎约定俗成的行为规范，他需要做到坐立有相，表情自然，行为得体，即使在面对一些意外的情况，也不能够丢失自己的原则，做到在举止上也不失文明。

随着世界逐渐的变得国际化，国际交往已经变成一种趋势，但是这时候，语言障碍已经成为一种很常见的情况。面对这样的事情，我们要怎样去做呢？微笑，没错，无论你听懂还是听不懂，都要保持着一个微笑的面孔。因为，微笑是迅速达到预期的交流的"润滑剂"。微笑即是在脸上露出愉快的表情，是善良、友好、赞美的表示。而且，在绝大多数的国际交往场合中，微笑更是一种礼仪的基础。亲切、温馨的微笑可以使不同文化背景的人迅速缩小彼此间的心理距离，这样可以更好的为我们创造出一个交流与沟通的氛围。

在时下年轻人的心中，追求个性是表现自我、突出自我的一种很好的方式。在追求突出个性过程中，许多不文明、不礼貌，甚至丑陋、陈腐、粗俗的东西都被当做了"新潮"、"潇洒",这些行为就环绕在我们的周围,比如我们经常看到一些衣冠不整、行为不端、张口骂人、随地吐痰的年轻人。诸如此类不良行为的存在,已严重损害了大学生的形象,成为他们健康成长的障碍,因此,开展礼仪教育和教学已经变得势在必行,我们也要通过对大学生进行标准的礼仪训练,使他们从心中明白并保持礼仪这个"尺度",严格的规范大学生的言谈举止,矫正他们身上那些粗俗、丑陋的行为,将大学生培养成具有优雅气质的年轻人,与此同时,各高校工作者和大学生也要引起对这方面的高度关注和重视。

张小冉是一个刚从师范院校毕业的学生,这天,她将自己打扮的十分时尚靓丽,穿着一身名牌休闲装,走进了中小学教师招聘专场,只见她一头挑染的长发披散在肩头,双肩包上挂着卡通玩具,颈部以及手腕上的饰品闪闪发亮。这样一身的打扮,在你看来,张小冉同学会给招聘方留下良好的印象吗?你知道这是为什么吗?

答案是不会。因为在去面试的时候,招聘方首先看到便是面试者的衣着和举止,而一个人的衣着、修饰、仪容、仪表,则充分的体现了一个人的精神状态和文明修养程度,从这些方面上,我们不仅可以看出一个人的思想与追求,而且我们还可以看出一个人的品性和修养。一方面,作为一个还没走出校门的大学生,在求职的时候,并不一定要穿着名牌服饰,只要庄重、得体就好。另一方面,求职者在选择衣着与修饰的时候,除了要符合一般社交场合的共同要求外,在很大的情况下,还要符合自己所要面试的职业的特点。

而从上面我们可以看到,张小冉同学拟应聘的是教师的岗位,针对教师的职业特点,在打扮上,就不能过分华丽、时髦与随性,相对的应该选择一些庄重、素雅、大方的装扮,从而可以体现出教师的这种稳重、文雅、严谨的职业形象。

而张小冉同学无论是从发型、服装还是饰物上来看，都会给人一种不成熟、不稳重的印象，而这种特点并不符合教师岗位的职业要求，因此，张小冉这次的打扮很难给招聘方留下一个良好的印象。

孔子有云："不知命，无以为君子也。不知礼，无以立也。"从社会的角度来看，良好的礼仪可以帮助人们改善一些不好的道德观念，净化社会上的不良风气，提高社会文化素质。确实，礼仪不仅可以美化人生，而且可以培养我们大学生的社会性，是我们在社会中生活和交往所需要的一种重要的条件。孟德斯鸠曾说：我们有礼貌是因为自尊。对他人礼貌可以使人喜悦，同时，也可以使那些用礼貌招待你的人感到快乐。

其实，在社会中，由于礼仪不当和缺失所引起的矛盾有很多。毕竟，文雅、宽厚能使人加深友情，增加好感。注重举止，注重礼仪修养，可以让我们拥有一个更和睦、友好的人际环境和更宁静健康的生活环境。同时，良好的礼仪修养也一种展示我们良好的精神文明的重要方式。戴尔·卡耐基的《成功之路》及吉米·道南与约翰·麦克斯韦尔合著的《成功的策略》都导出同一条公式：个人成功=15%的专业技能+85%的人际关系和处世技巧。因此，学习如何通过人际交往的方式获得新的友谊，是现在大学生能否适应新的生活环境的一种重要的生存技能，是从"依赖于人"的人发展成"独立"的人的重要的进化过程，也是我们能否建立好属于自己的人际关系和成功走向社会的重要一课。

作为一名大学生，我们不仅拥有较高的知识层次，同时，我们还要使自己在礼仪修养方面达到比一般人还要高的要求。在我国高等教育大众化的发展进程中，我们要不断提高自我素质，同时还要在大学生中进行普及大学生礼仪，从点滴小事着眼，从检点一举一动自身行为着手，逐步使大学生的自身修养得到提升，这样，可以使他们用良好的修养来维护好高校的形象。

在现今的社会中，很多时候，大学生的个人形象往往与高校形象之间是划等号，所以大学生对个人形象的维护将直接有助于高校形象的维护，甚至对整个高等教育形象的维护都起到重要的作用；同时，良好的形象会给人以良好的印象，这样便更有助于增进人际沟通。大学生想在今后的工作中有所作为，就必须提升自身的礼仪修养，注意增强自己的人际沟通的能力。

俗话说：不以规矩，不成方圆。继承和弘扬中华民族优良的道德传统，追求人际和谐，讲究谦敬礼让，是我们当代大学生共同的责任和义务，而在继承和弘扬这些优良的传统的时候，我们也将从中受益。

规范自己在公共场合的行为。要想知道一个民族的教育程度到底怎样，首先我们可以从他们在公共场合的行为举止上看得出来。如果，走在大街上你都能看到粗暴无礼缺少教养的行为，那么，谁还会相信他们在家中不是这样的？

熟习和了解自己所生活的城市是怎样的。在这时候，你要特别注意并去研究自己所生活的城市，特别注意观察每一条街道。有一天你客居异国他乡，要是你还记得你的城市，并且能够一幕幕地重新回忆自己生活过的城市，回忆起你那可爱的小小故乡中的一切，那个时候，在你的内心中，该是多么的开心啊！

故乡是养育了你多年的地方。你曾在那里呱呱落地，跟妈妈牙牙学语，迈出了人生的第一步，在那里，你感受过初次的激动，结识了最初的朋友，同时，那里也是你智慧萌发的地方。

当你走在街上的时候，每次遇到年迈老人，抱小孩的妇人，拄着拐杖的瘸子，背着重物压弯腰的人，出殡带孝的一家人的时候，都要恭恭敬敬地给他们让路。因为在面对老年、贫穷、母爱、疾病、劳动和死亡，我们都必须要学会从内心深处对他们保持肃穆和恭敬。当意外发生的时候，我们不可选择漠视。当你看见马车将要撞上一个人时，如果他是个小孩，你就会毫不犹豫的飞跑过去拉他一把，救他一命。如果他是大人，你就要大声的提醒他危险的到来，以便他能够及时躲开。看见小孩哭了，你要问他是怎么回事，老人的手杖掉在地上，你要马上帮他捡起来，要是两个小孩打架，你要把他们拉开，要是大人打架，你可以选择马上离开，避免看到更加残忍、暴力的场面。因为这样画面看多的话，不仅会使你伤心害体，还会使你的心灵变得残酷无情。当你看到匆忙来往的担架的时候，千万别跟伙伴在那里高谈阔论，评头论足，更不能咪咪地笑，因为担架上也许躺着一个奄奄一息的病人，这是对他人的一种尊重。因为谁也说不准你的明天是什么样子，所以我们不要做一些落井下石的事情。

在生活中，没有什么东西是十全十美的。所以当我们看见身体变形、丑陋可笑的残疾者，千万不要盯着他们一直看，或对他们的缺点进行品论，最好的方式便是装作没有看见他们，轻轻的从他们的身边走开就好。你走路时遇到燃烧的火柴，要把他踩灭，否则可能会使人付出生命的代价。当有人向你问路的时候，你要热情地告诉别人，不要面对面地望着别人发笑，不要无缘无故地奔跑，或者是大声的嬉闹，无视别人的问话。

我们在公共场合经常会看到这样的八种不良举止：

1. 使用手机不当

随着科技的不断的发展，手机已经成为一种现代人们生活中不可缺少的通讯工具，同时，如何通过使用这些现代化的通讯工具来展示现代文明，也开始成为我们生活中不可忽视的问题。如果事务繁忙，不得不将手机带到社交场合的话，那么，有几点事情需要你格外的注意：

（1）尽量将铃声降低，以免手机铃声惊动他人。

（2）当听到铃响时，要自觉的找一个安静的、人少的地方接听，接听的时候，还要注意控制自己说话的音量。

（3）如果是在车里、餐桌上、会议室或是电梯中等地方通话，应尽量使你的谈话简短，避免干扰到他人。

（4）如果当你的手机再次作响的话，假如有人在你旁边，你首先要向他说："对不起，请原谅。"然后走到一个不会影响他人的地方，等到通话完毕的时候再去入座。

（5）如果是在一些不方便通话的场合，就用简短的话语告诉来电者你会打回电话的，不要去勉强接听从而使他人受到影响。

2. 随便吐痰

随地吐痰是一种非常遭人厌恶的行为，同时也是一种非常没有礼貌而且绝对影响环境、影响我们的身体健康的行为。如果你要吐痰，把痰抹在纸巾里，丢进垃圾箱，或去洗手间吐痰，但是在最后千万不要忘了将痰迹清理掉并清洗双手。

3. 随手扔垃圾

要养成到垃圾箱中丢垃圾的习惯。随手扔垃圾是最不文明的举止之一，应当受到谴责。

4. 当众嚼口香糖

人与人之间是不同的，就像有些人必须通过不断的嚼口香糖以保持口腔卫生，那么，我们就要注意在别人面前的形象。在咀嚼的时候应该闭上嘴，不能发出声音。而且嚼完以后，不可以随口吐掉，而应该把嚼过的口香糖用纸包起来，最后扔到垃圾箱。

5. 当众挖鼻孔或掏耳朵

在我们中，有些人习惯用小指、钥匙、牙签、发夹等东西当众挖鼻孔或者掏耳朵，这是一个很不好的习惯。尤其是在餐厅或茶坊，当别人正在进餐或喝茶的时候，做出这种不雅的小动作是一种十分不文明的举动。

6. 当众挠头皮

对有些人来说，头皮屑是很烦人的事情，而且他们总是会在公众场合忍不住头皮发痒而挠起头皮来，而这时候，便会造成皮屑飞扬四散，这样的行为十分令旁人不快。特别是在那种庄重的场合，这样的动作是很难得到别人的谅解的。

7. 在公共场合抖腿

对有一些人来说，有意无意地双腿颤动不停，或者让跷起的腿像钟摆似地来回晃动，是一种很潇洒的动作，在他们的内心中对这种行为也是自我感觉良好，认为这样并不会有伤大雅。其实这是一种令人感觉很不舒服的动作。这不是文明的表现，更不是一种优雅的行为。

8. 当众打哈欠

打哈欠有时候要注意场合，特别是在交际场合，打哈欠给对方的感觉是：你对他不感兴趣，表现出很不耐烦了。因此，在这样的场合，如果你实在控制不住要打哈欠的时候，一定要马上用手盖住你的嘴，并向对方说"对不起"。

不要忽视个人的行为举止，这并不是一件小事，在人际交往中，应使自己的行为举止符合文明规范的要求。而在公共场所，我们每个人都需要努力的维护好自己的言谈举止，不要做出一些有违文明的举止。

走路姿势不同，
性格特征各异

　　从一个人的肢体动作中，往往可以判断出发生在这个人身上的很多事情。人的心情、个性稍有不同时，走起路来也就各有不同的风采。所以想要了解一个人时，可以从了解他的肢体语言做起。而最容易观察的，就是走路的姿势。现在就让我们来一起看一下，该如何从每个人走路的姿态中，得出他们所从事的职业以及他们的性格特征的吧。

　　通过观察，我们会发现，船员们为适应颠簸的船上生活，在走路的时候，脚常常会呈外八字型。生活在山区的人们，即使是走在城市中平坦的街道上，仍会将脚抬得很高。而练过武功的人，走路一般都会带风。而舞蹈演员，因为练舞的原因，常常会给人一种身轻如燕的感觉。

　　如果一个人在走路的时候，双足向内或向外勾之八字，而且在行走的时候用力而又急躁，但上半身不会左右摇摆的话，说明这种人的性格有守旧和虚伪的倾向，而且还不喜交际；但却有着聪明的头脑，做起事来，虽然不动声色，但却很有效率。

　　如果一个人在走路的时候，步伐随时变更之摇荡型，没有什么固定的规律，有时双手摆在裤袋里，双肩紧缩，有时又双手伸开，挺起胸膛，那么他一定是一个性格达观、大方、不拘小节，慷慨有义气、有建立事业的雄心、具有远大目标的人，但有时可能会稍嫌夸大、容易和别人发生争执，并且不懂得谦让。

如果一个人在走路的时候，双足落地有声、挺胸、举步快捷之踏地型，那么他一定是一个胸怀大志、富于进取心、理智与感情并重的人。而如果有一个人在走路的时候，将双足双手放平，走起路来异常斯文之直线型，那么他一定是一个性格胆小、保守、缺乏远大理想的人；但是，相对的，这种人在遇事的时候，可以保持沉静，而且也不会轻易的发怒。

根据上面的提示，我们可以先从身边的人开始，对他们进行观察，对比看看是否真如上面说的那样。或者可以注意起自己的走路姿势、仪态，也许这其中有你想要变成的人，要想改变自己，不如先从改变走路的姿势开始吧！

关于通过走路的姿势来对一个人进行判断的说法，在相学中也有提及，我们知道通过面相或手相知道一个人的运势所长，同时，我们也可以通过走路姿势而得知一个人运势的好坏，让我们一起来看一下这方面的奥妙吧。

1. 当一个人的走路姿势是看起来很稳，且气定神闲的那种，此类人则容易富贵。正所谓走路如龟。

2. 当一个人走起路来总是急匆匆的，表明这类人是劳碌之象，纵然有机会得到富贵，也是所得有限，很难有大贵的时候。

3. 当一个人走起路来就像是水蛇一样，头顶上不稳，东倒西歪，这种人的福报一般都比较浅，而且他的运势一般也比较不好。

4. 当一个人走路是内八字脚型的，表示这个人的胆量有限，难以承受大任，而且在遇到困难的时候，容易退缩不前。

5. 当一个人走路是外八字脚，表示这个人容易有傲气，总是对自己有着较高的期望，拥有较大的人生目标。

6. 当一个人走起路时总是东张西望，偶尔还回头向后看，说明这种人天性比较多疑，有鹰视狼顾之象（狼顾就是说狼走路时会不断的向后看），这种人一般都精于心机，而且城府都比较深。

7. 当人们在走路的时候，如果下意识常先出左脚的话，多主贵，若在行走时，有人喊叫而朝左后扭身者也主贵，反之便是一种平常之象。

8. 如果一个女子在走路的时候，上身很僵硬，头先过步，其晚年的运气便会比较差，这类人看似冷傲，但是内心却是相反的。

9. 如果有人在走路的时候，脚跟不着地，说明大多是奔波劳碌的命格。

10. 如果有人在走路的时候，有拖拉之相，就像穿着拖鞋在走路，说明这种人容易遇到阻力，也表示他的发展空间有限。

不同的走路姿势所表达的信息不同，那么，我们又如何从这些信息中看出他人的不同性格呢？

下面我们将这些不同的信息总结在一起，得到如下的结果：

1. 发出"巨声"

一般情况下，人们在走路的时候，不管走得快或慢，脚步声都不致于大到令人回首而观望的地步。那么，走路出"巨声"的人的性格是如何的呢？下面就让我们来看一下吧：

（1）心胸坦荡，为人诚实。

（2）精神散漫，优柔寡断。

（3）缺少管理金钱的能力，蓄财无方。

2. 走路"蛇行"

"蛇行"是一种命相学中的术语，意思是指那些走起路来，有如蛇蠕动而行（腰板无力，身体左右摇摆），这种走路姿势的人的性格大致如下：

（1）口是心非，很难得到人们的信赖。

（2）工于心计，诈术很多，在和这种人打交道的时候，必须万分谨慎，否则一定会在他那里吃大亏的。

3. 肢不着地的走姿

当一个人在走路的时候，脚不着地，看上去整个人都显得轻浮无劲。这种走路姿势的人的性格大致如下：

（1）做事不扎实，总是草草地了事。

（2）经常做出虎头蛇尾的事情，没有什么信誉可言。

（3）家庭中常有纠纷。

4. 碎步急走

像那些走路总是慌慌张张，碎步而行的人，其性格大致如下：

（1）终生无凭，生活和事业上都没有大的成就，总是显得艰难不顺。

（2）经常身心交瘁，奔波不歇。

5. 脚步轻快

当一个人在走路的时候，脚步轻快，看起来一副悠闲自得的样子，这种人的性格大致如下：

（1）身体健朗，充满活力。

（2）处事公正，绝不会以私害公。

（3）以无愧天地为行事的原则。

（4）心无城府，想什么就说什么。

（5）受人欢迎，人际关系颇佳。

6. 挺肚阔步

首先先要说明一下，这里所说的"挺肚"，意思是将肚子稍微挺高，而不是所那种大腹便便。肚子微微挺起，洞步而行，整个走姿给人一种"气宇轩昂，精神勃勃"的感觉。这样人的性格大致如下：

（1）不畏艰险，永不低头。

（2）屡仆屡起，终至有成。

（3）适合做"重建"工作。

7. 神色仓惶

那些无论什么时候，走起路来都是东张西望，慌慌张张，一副神色仓惶的模样，这种人的性格大致如下：

（1）意志力弱，心思总是飘忽不定。

（2）缺乏统筹全局的能力，没有决断力。

8. 不断回头

有些人，无论后面是不是有人跟踪，或是有事情发生，都会频频回头。这种人的性格大致如下：

（1）不容易相信别人。

（2）疑神疑鬼之心颇重，往往无事生非，总是将简单的事情变得复杂无比。

（3）与人相处，缺乏协调合作的能力，常常闹出人事纠纷，影响了工作效率。

9. 稳步缓行

怎样的走路姿态是最为理想的呢？重心在下，脚步稳缓，态度从容，如大船之行于巨河。拥有这样走姿的人，无论在什么情况下都能够保持自信从容的态度，即使遇到困境，往往也能够化险为夷。

10. 威仪自现

有一种人，走起路来总是让人感到有一股威仪压人的气势，这种人气魄震人，往往以超强的统御力见称。

11. 脚尖向内

对于那些习惯在走路时将脚尖向内的男性，他的性格大致如下：

（1）没有什么气魄可言。

（2）面对很多人的时候，不敢开口表达自己的意见。

（3）怕惹麻烦，喜爱孤独。

12. 脚尖向外

对于那些习惯在走路时脚尖向外的男性，他的性格大致如下：

（1）做事积极，不喜欢畏畏缩缩。

（2）断事明快，应变力也强。

（3）人缘好，拥有很好的人际关系。

通过这些知识，可以使我们更好的了解一个人，为我们与他人沟通提供了一个很好的平台，使我们能够依据他人的内心，很好的与他人融洽的相处下去。

积极乐观，
传递正面力量

对人的一生影响最大的是什么呢？"反应"，当有人赞美你的时候，你会感到高兴、欢喜、快乐，这便是反应；当有人伤害了你的时候，你便会感到痛苦、难过，或者是感觉自己已经承受不起，甚至伤心的留下眼泪，这也是一种反应。

一个人，总是喜欢到处去吃喝玩乐，游山玩水，追求五欲，找寻刺激，这是人性中爱好享乐的一种自然反应。一个人，如果喜欢躲避伤害，远离伤害，害怕伤害，这是人们在情绪上不愿受到伤害的一种反应。可以说，在生活中，没有那一天是不受反应的影响的，人们总是在欢喜或是痛苦的反应中度过。

事实上，人们除了有人情的反应、生活的反应之外，还有其他的反应。例如身体反应、心理反应、情绪反应、精神反应等。

在佛教中，将身体上的反应称之为"触觉"，平时食衣住行的生活等，都是为了触觉。透过触觉，我们会体验到柔软、粗硬、冷热、舒服等感受，从而会在内心产生欢喜与不欢喜的心理。

人的心理就像一把五弦琴，只要轻轻的碰触一下，就会有大小声，就有喜怒哀乐；因此，可以说，在所有的反应中，心理反应是最为敏感，也最快速的一种反应。心理反应可以直接影响到情绪上的反应，最后是精神反应。如果是一种积极方面的精神反应，那么，人就会显得精神抖擞、奋发图强；相反的，如果是消极的反应，那么，整个人就会表现的怅怅不快、萎靡不振。

在人的一生中，无论做什么事情，都需要一个很好的精气神。读书要有精神、做事要有精神，服务也需要有精神；而一个人如果想要有一个好的精神力，就要靠思想上的积极奋发。所以，做人应该时时提振精神，不断使自己向好的、积极的方向发展。

除了人体或是精神上的反应外，像物质的分化凝固、空气的冷缩热胀、声光电波的传导等这些反应，都是生化与物理上的反应，所有的这些反应都可以对宇宙万物产生或好或坏的力量。

而在所有的这些反应中，最难应付的就是人情的反应。所谓人情反应，便是像人家对你的尊重与歧视，或是被人冤枉委屈，都会使自己产生一种好与坏的反应。

无论在什么情况下，只要有差别、有抗拒，就会有反应。有了反应以后，便会有可善可恶、可大可小、可难可易、可好可坏的事情发生。好的反应就是尊重、礼遇、恭敬、帮助、赞叹；而相对的轻视、嫉妒、为难、伤害等都是不好的反应。

相同的事情，在不同的人看来，会有不同的反应。有的人反应过度，有的人反应迟钝。面对一些小事情，那些反应过度的人，总是会小题大作。这就让人想到人情实在很复杂，有的人，即使你对他好，但是如果他不能理解你的意思的话，他也会因此生气；有的时候，即使你对他恶脸相向，但是因为他的人格修养都很好，他也会体谅你、包容你。一般说来，小孩子承受不起过多的喜怒哀乐，因此比较容易爆发；人格崇高的人，纵使面对一些针对他的喜怒哀乐的伤害，他也能够处之泰然。人是感情动物，当遇到事情的时候会有相应的反应，这是一种很自然的现象，但是反应也要适中，当别人欢喜的时候应该跟着一起欢喜，当应该赞美别人的时候应该随喜赞美，这就是懂得人情世故，同时，这也是最适合与人相处的一种文明的反应。

在搏斗中，拥有快速的反应能力是很重要的。犯者立仆，一触即发，后发先至……这些都是作为一个习武者梦寐以求的境界。但是据有关生理研究表明：人与人之间反应速度是相同的，并没有太大的差别，即使通过严格的训练，也很难改善这种情况。也就是说："一个技击好手与一个刚入武门之人，在反应的速度上，并没有大的不同，因此我们在训练中不必过分的追求快速的反应速度，只需要通过实践，使自身的原本的反应速度得到最大限度的发挥便可。

那么，我们又该如何在实践中使自身原本的反应速度得到最大限度地发挥呢？培养你沉着冷静的性格。只有这样，你才能够做到遇事不慌不乱，保持沉着冷静的态度，在面对一些特殊的情形的时候，可以冷静、快速的做出正确判断，并且及时的做出反应，通过这样，便可以相应地提高我们的动作转换速度。这也就是高手与普通人之间的区别。当面对突发状况的时候，普通人一般都会变得慌张，手忙脚乱，促使大脑进入发懵状态而不知所措，这样的情况下，人们也只是空有反应速度，但是却不知道该如何去正确的去运用它，这样也就使人看起了呆傻，而且还反应迟缓。

那么，我们又该如何去培养这种沉着冷静的性格呢？在这里可以向大家推荐一种方式，桩功，这是一种最基础的练习。通过这种练习，可以很好的培养自己沉着冷静的性格，增强自身对外界环境改变的知觉感应能力，并及时的做出正确的反应。著名格斗大家、心会掌创始人赵道新先生，在他著名的《瞬击术》中说到："其实，人与人之间的动作相差无几的，尤其是当对抗双方都是经过一定训练的高手的时候，最关键的并不是看谁的手脚快慢，而是看他们谁的心理反应比较快。这也是所谓的'手快打手慢'的真正的意义。"

在做桩功锻炼的时候，最主要的是要保持一种平心静气的心态——即平常心，人事磨炼，增加定力，久经磨炼，内心清静，邪气也就自然消失了，在情缘万虑中，能够保持一种心平气和的心态，其超越性的功能就会在身上产生，技击的本能反应速度能否得到充分发挥，也在这上面得到充分的表现。王芗斋先生说："人之本性爱天然无拘自由之运动，一切本能亦俱因势而发，如每日晨于新鲜空气中，不用一切方法，仅使全身关节，似曲非直任意着想天空，任意慢慢运用，一面体察内部气血之流行，一面体会身外虚灵之争力，所谓神似游泳者是也，而精神体质舒适自然，非但不受限制，而大自然之呼应，渐有认识，久之，本能发，而灵光现，技击之基础不期自备矣。"

无论是做人还是做事，我们每个人都必须时刻的使自己保持一种积极乐观的心态。

关于心态的意义，美国成功学学者拿破仑·希尔曾经说过这样的一段话："人与人之间的差异其实很小，但是就是这种很小的差异，在最后却造成了巨大的差异！这种很小的差异就是一个人具备着怎样的一种心态，是积极还是消极的，而最后的巨大的差异就是成功和失败。"

让自己随时都保持一种积极的心态，那么，无论面对怎样的困难，都会使我们获得很多的力量，促使我们把事情做好，这是为什么呢？第一，积极的心态可以产生一种积极的自我暗示，并影响身边的人。第二，积极的心态能让我们产生立刻行动的激情。若是我们一直保持消极怠工的心态，慢慢地，我们就会发现，原来自己一直都是生活在一个不快乐，并且充满抱怨的环境里，其实这并不是我们想要的生活，不是吗？那为什么我们不能用一种积极的态度去看待这一切呢？改变自己的态度，说不定你会发现一个不一样的世界，在那里，充满着希望和阳光，这时候，你将会看到成功之门正为你而慢慢地打开！

我们每一个人都知道，保持积极的心态，获得正面的力量，积极主动去做事，便可以使自己走向通往成功的大门。但是，真正想要做到却是很难，或者说这样坚持的过程很辛苦。我们可能在一开始会很有计划，告诉自己要积极的应对遇到的事情。可是随着时间的慢慢变长，工作也会变得枯燥、乏味，而我们的激情也在这种积极乐观的心态慢慢消失的时候，随之也消失掉了。但是，我们一定不能放弃，只要我们发至内心的想要改变现状，想要获得成功，我们便一定可以使自己保持这份积极的心态，主动的去完成身边的每一件事情。

无论面对怎样的事情，我们都可以慢慢的去改善自己的现状，而在这个过程中，首先需要的是努力的改变自己的心态。碰到什么不如意的事情，或是发现要做好老板吩咐的工作有困难时，都不要让自己去抱怨说这怎么可能做到的话语，不要让这种消极的意识影响到你的行动。而要大声的告诉自己，自己能行。并积极主动的去想办法将这件事情做好，那时你会发现，其实要做好这件事情并不是你想象中的那么困难，在你的努力下，一切的问题都将会得到解决。

所以，不论你是做什么的，或是在哪里就业，都要避免"消极"、"打工者"的心态，要将工作与自己的前途联系起来，为了自己的前途，我们一定要自己用一种积极主动的心态去工作！

微软的创始人比尔·盖茨曾经说过：一个好员工，应该是一个积极主动去做事，积极主动去提高自身技能的人，这样的员工，不需要通过强硬的管理手段去触发他的主观能动性。

美国著名的演讲艺术家卡耐基也曾说过：有两种人决不会成大器，一种是除非别人要他做，否则他是绝不主动做事的人；另一种是即使别人要他做，也不能将事情做好的人。

这是为什么呢？这是因为一个积极主动做事的人，其自身具有高度的责任心，因为有了责任心才能把事情做得好。因此做事积极主动的人，每做一件事情都可以以一种积极乐观的心态去面对。因为有了责任心，他就会认真的将所有的事情都布置的比较周全、系统、完善，包括其中的每一个小细节，容易出现的问题点，需要的人力、物力等因素。这样一来，很多可能出现的状况，都能够得到很好的预防，即使是遇到突发性状况，也可以顺利地解决掉，从而使得工作能够顺利地开展下去。就算在工作中还会出现新的问题，他也会想尽办法主动去排除困难。相反的，那些被动的人，在工作中总是被人家催着做事，因为心态是被动的，所以做起事情来就会变得毫无原则和方法可言，总是以一种应付的心态去做事，更不要说去认真周全的去考虑了，最后的结果便是，事情就算是勉强的做好了，但是最后却没有起到做这件事情应有的作用。做事或遇事被动的人，不仅不会推动自己工作的进一步发展，同时还会影响、带坏其他人做事情的进度。在做事情的时候，我们需要的是一个百分之百的主动执行者，那些被人家逼着、催着做出来的事，是根本不会有什么积极效果的！相对的，这种总是喜欢被别人逼着或催着做事的人也将很难有什么大的成就。我们每一个人，无论是在生活中还是在工作中，随时都有可能会遇到困难，而那些喜欢积极主动的做事的人，无论大事小事，他们会尽一切办法去执行，包括会根据不同情况来改变自己的想法，不断学习成功人士的经验等，而且会持之以恒的坚持下去。而那些喜欢被动做事的人，在一开始时候，他们就已经选择了放弃，就算是不放弃，他们也会去逃避困难、问题，而不会积极的去想办法来解决。每一个组织都需要那些敢于克服困难，主动解决问题，主动迎难而上的人。即使你是一个具有高素质的人才，但是如果你不敢勇于面对困难，并且积极主动的去解决问题的话，那么，最后你也不会被组织重用的，而有些人，虽然没有高深的学历，丰富的经验，但有一颗主动积极的心，一颗赤诚的上进心，只要有了这个心态，那么，他就一定会在事业上取得很大的进步的。

[不同性格，
不同坐姿]

不同的人，具有不同的坐姿，而从不同人的坐姿中我们又会发现不同的性格特点，有时更可以反映出此时此刻的心理，外国一位心理学家曾说："一个人的坐姿往往是其心理品质的定格。"

细心的朋友会发现，在生活中，有些人在进入餐厅或者上到公交车上，总是喜欢坐在一个相同的位子上，这是为什么呢？

曾经有这样的一个人，每次上公交车的时候，她总是喜欢坐在后面右侧靠窗的位置，当被问到这样做的原因的时候，她说，因为这里视线好，可以将整个车厢里的人都尽收眼底，这样有安全感，在做一些自己想做的时候，不必提心吊胆，而且可以在这观察人生的百态。

通过上面的例子，我们可以看出一个人选择坐的位置，往往总是跟我们的心理因素有一定联系。选择座位是一种社会行为，它充分的表现了一个人在内心中想要与人保持的，可以是自己内心感到舒服的心理距离。

如果说一个座位的选择是在表现我们在内心上想要与他人保持的心理距离的话，那么，坐姿则更明显地表现出他自身的个性。坐姿是一个人心灵的暗示，从坐的方式、坐的姿态中，我们可以窥探出一个人的真实想法，从而正确的去了解一个人的心理动向。正确观察每个人的坐姿，可以使我们更好的去掌握别人的性格特征。

1. 喜欢中央的位置

一般情况下，中央的位置是一个非常的受人瞩目的焦点，因为，这个地方可以使四面八方的人都能看得到，一般选择这个位置的人，都是对自己有足够的自信或是表达欲望很强的人。相对的，这种人往往都具有很强的好胜心，想与别人一比高下，总认为自己是最优秀的，当然要做最闪耀的位置。在一般情况下，即使自己不具备那么强的实力，也还是喜欢装作很骄傲的样子，爱出风头，总是给人一种盛气凌人的感觉，这样的人往往没有什么知己。

2. 靠窗的位置

在生活中，往往会有一些人喜欢靠窗的位置，这个位置既可以有空间让我们与人交谈，同时，还可以欣赏到窗外的风景。由此，可以表明此类人外表平和，但内心有独立的自我，崇尚健康、自然的生活，性格也比较积极，处理事情比较有弹性，平易近人。这样的人，在没有做好充分的准备前，绝不会让自己出风头，在做事情的时候，可以很好的掌握自己的行动能力和前途。

3. 墙角的位置

在生活，还有些人喜欢在墙角的位置，这样他们便会没有什么后顾之忧，可以专注的观察前面的人的行为举止，像观众一样。这种人往往喜欢将自己隐藏起来，不习惯在人前曝光，但是他们的心思非常的细腻敏感，比较内向，不顺心的事情往往很轻易地显露在表情上。这种人一般都很注重自己的友情和爱情，并且总是对自己的朋友考虑的很细致周到。

4. 门口的位置

还有一种人，他们喜欢坐在靠门的位置，通常情况下，这种人容易神经紧张，总是有一种可能会有事情发生的样子，坐在门口能够使他们尽快地脱离危险，抑或是想节约时间，吃完就走。一般情况下，这种人的表面性格都会比较急，生活步调很快。此类人通常拥有上进的心，有活力、敢冒险，且意志坚定，但是在某种程度上也会有一种刚愎自用的感觉。

5. 房间内对着门的位置

我们中国人都知道，对门的地方一般都是主席位，爱坐此位的人一般权力意识比较强，对着房门坐，首先心理上就占据了优势。在开会或是宴席上，这个位置一般都是留个领导或是主人的位置。

如果我们仔细的观察，就会发现，在日常生活中，人们的坐姿各具特色：有的人喜欢跷着二郎腿，有的人喜欢双腿并拢，有人喜欢双脚交叠……而每一种坐的方式，似乎都是无意的，而就从这貌似随意中，可以让我们很好的解读出人们的每种姿势所透露出的不同性格和心理状态。

1. 正襟危坐

正襟危坐是指人在坐着的时候，两腿及两脚跟并拢靠在一起，双手交叉放于大腿两侧，这样的人一般都比较古板，从不愿接受他人的意见，有时候明知别人说的是对的，他们仍然不肯低下自己的脑袋，很多时候会给人一种死板的印象，不会灵活做事，每天都只是做好自己要做的事情，因此，这样人往往是缺乏冒险和创新精神的人。

这种人通常总是缺乏一定的耐心，哪怕只有几分钟的短会，他们往往也会感到乏味，或者会对此感到反感。

这种人总想追求一种完美，但是却又总是做一些可望而不可即的事情。对待爱情和婚姻，他们往往也总是表现的很挑剔，也许从表面上来看，他们这是一种慎重的表现，但其实并不一定是这样。

2. 侧身坐椅子

这种坐姿的人，一般都比较像孩子一样顽皮，心情舒畅，他们觉得做自己很重要，没有必要活在别人的口水里。这种人往往不懂得隐藏自己的情绪，总是很容易的将情绪表露出来，在性格上往往也总是不拘小节。如果不是长辈，请不要批评他们，因为这样做只会引起他们对你的反感。

3. 半躺而坐

像这样喜欢半躺而坐的人，当他将双手抱于脑后，整个人看起来就是一种怡然自得的样子。这种人性情温和，充满朝气，干任何职业好像都能得心应手，加之他们很有毅力，往往都能取得某种程度的成功。这种人在学习上总是喜欢做到不求甚解的结果，可能在他们心中，这只是在进行一种学习罢了。

这种人往往还有另外一个特点，那便是积极热情、挥金如土。以至于他们时常不得不承受因在处理钱财上面的鲁莽和不谨慎所带来的后果，尽管他们挣的钱也不少。

在爱情方面，他们还是比较幸福的，虽然时不时会有一些小烦恼来对他们的生活进行一些点缀。这种人的雄辩能力都很强，但他们并不是在任何场合都会表现自己，这将完全取决于他们当时所要面对的对象。

4. 跷二郎腿

喜欢跷二郎腿的人，一般看起来都具有很强的自信心，且乐于表达。但此类人往往只是展示自己的自信，而不会过多的去考虑自己所说的内容。自信让他们勇敢地追求自己的事业和幸福，所以，通常的情况下，这种人都具有不错的社会地位。

因为他们拥有一颗聪明的头脑，这也就使他们总是能够想尽一切办法并尽自己的最大努力去实现自己的梦想。虽然他们也具有"胜不骄，败不馁"的品性，但当他们完全沉浸在幸福之中时，也会有些得意忘形。这种人的协调能力也很强，在圈子里，一般也总会去充当一些领导的角色。不过这种人有一个不好的习性，那便是喜欢见异思迁，常常做一些"这山看着那山高"的事情。

5. "八"字腿坐姿

有些人在坐的时候，总是喜欢将两只手放在膝盖中间，女士有这种坐姿表面看起来是一种害羞的性格，感情观上也比较传统、保守。男士的这种坐姿则表示，他在做事的时候，总是喜欢因循守旧，但是为人诚恳，乐于帮助别人。当你和这样的人成为朋友后，假如你求他办事，只要是在他能力范围之内，他就一定能够很好的为你做到。在爱情面前，他们的思想常常会受到传统思想的束缚，经常被家庭和社会的压力压得喘不过气来，并且还总是要求自己去遵循那些传统的"东方美德"、"三从四德"等陈旧的观念。

6. 两腿大开的坐姿

喜欢这样的坐姿的人，总是习惯将双手放在小肚子上，一般说来，这类人都比较好战，有勇气，有来者不拒的大将风范。他们内心比较坦荡，比较有谋略，并且具有一定的行动力，在面对生活上的小事，都会泰然处之，而在感情方面，拥有这样坐姿的人一般都具有一定的大男子主义倾向。

7. 腿脚不停的抖动

坐下时，总是习惯有意或无意的腿脚抖动的人，往往是在想自己的事情或一会自己所要说的话，但是这在一般人看来比较讨厌，他们往往会打扰别人的思绪而不自知。相对的，拥有这样的坐姿的人往往会比较自私，从来都不会站在他人角度去想事情，对别人很吝啬，但是对自己却总是很放纵，但是正因为关注自己，所以，这种人常常也比较善于思考问题。

8. 谦顺温柔型的坐姿

当一个人在坐下的时候，总是喜欢将两腿和两脚跟紧紧地并拢，两手放于两膝盖上，端端正正，这是一种温顺型人的坐姿。这种人一般都是性格内向，为人谦虚的人，并且对于自己的情感世界都很封闭。但他们常常喜欢替他人着想，他们的很多朋友对此总是感动不已。正因为如此，他们虽然性格内向，但他们的朋友却不少，因为大家都很尊重他们的"为人"，正所谓"你敬别人一尺，别人敬你一丈"，只有当你真正的尊重别人的时候，你才能够得到他人的尊重。

通过仔细的观察一个人的神情和姿态还有他的一举一动，我们最终将会发现他的内心想法，以及状态。因此很多人想要读懂一个人的时候，便会经常的留意他，并通过他的一举一动还有他的神态中读到一些重要的信息。

终上所述，当我们要想真正的了解一个人的时候，我们首先就是要学会从一个人的坐姿去判断出他是一个怎样类型的人。

小动作，大心理

一门研究人类及动物的心理现象、精神功能和行为的科学叫心理学，它既是一门理论学科，也是应用学科。包括的领域有两个：理论心理学与应用心理学。

知觉、认知、情绪、人格、行为和人际关系等许多领域心理学研究都涉及了，与其发生关联的还有日常生活的许多领域——家庭、教育、健康等。心理学一方面尝试用大脑运作来解释个人基本的行为与心理机能，同时，个人心理机能在社会社会行为与社会动力中的角色，心理学也尝试解释；同时它也与神经科学、医学、生物学等科学有关，因为个人的心智会被这些科学所探讨的生理作用影响。

心理学包括神经科学即想象、发展心理学即思维、认知心理学即记忆、社会心理学即语言、临床心理学即意识五个子领域。

简单来说，神经科学研究通过观察人类大脑的反应来研究他们的心理；发展心理学是研究人类是如何成长、发育和学习的一门学科；认知心理学研究心理时是通过计算机方法，即将心理比喻成计算机，看人类是如何游戏、辨别语言和物体辨认等；研究人类的群体行为，怎样与他人交流的是社会心理学；临床心理学主要研究心理健康和心理疾病。心理学主要是帮助人们心理健康的一门课，这样看来，社会心理学应该包括动作中的心理学了。

在实际生活中，人们为了有效保护自己免受别人不必要的伤害，会有意识的为自己穿上一层伪装服。当他们与别人交往的过程中，如果别人没有认真细致的分析他们，往往会被他们的伪装服所迷惑，但是世间万物都会遵循一定的规律变化，人们的心理通过这些规律变化可以进行揣摩。通过某个人外在的身体特征，如手、笑容、面部表情等多个角度进行分析，可以将他内心的真实想法破解出来。

首先，最直观的也是最重要的反映人们内心世界的因素就是笑。由于人们的个性和所处的环境不同，也会表现出不同的笑。

为了达到自己的目的，人们在商务应酬中露出虚伪的笑；在老同学聚会中，人们露出真挚的微笑给朋友。这时候，笑的虚伪，嘴角不会放的很开，而是紧闭嘴唇，因为笑是他们勉强装出来的；而真诚的笑是发自内心的，所以通常是张的很大的嘴巴。

一般性格比较开朗、心胸开阔的人喜欢开怀大笑；笑声非常高的是自以为是、想出风头的人；在和别人交谈的过程中，一些言行比较谨慎，性格比较温婉的人喜欢用手来掩饰自己的笑；用鼻音代替笑的人都是一些不尊重别人的人，与他们相处的时候，对方的真诚，你是感觉不到的。

有一种潜在的拒绝在抿嘴笑的背后。这种方式的笑不容易使人揣摩到对方的心理。一般阿谀奉承、唯利是图的人总会阴阳笑。只是简单微笑而没有任何声响的人性格保守谨慎、内向且感性，他人很容易影响其个人情感，一般具有童话故事情节，并且会按照自己的理想一直追寻下去。不真诚的人的笑一般是断断续续的，不是自然的，好像掺杂了其他东西，他们常常表现的特别物质与势利，总想从别人身上得到些什么。

其次，一个人的内心也可以从手部小动作与手势看出。手被认为是最灵巧的身体部位，当人们受到外界刺激的时候，受到紧张刺激的大脑皮层使得神经递质和肾上腺素之类的激素猛增，此时，一些紧张或幸福的信号，人通常会通过手来传递。

通常，手开始抖动的时候是心理上的安慰，如果还用手去触摸鼻子或其他身体部位，就说明了这个人内心深处的惶恐不安。一些倍感自信的人，他们的手部动作就同时表现的非常自信。一种类似于高塔的动作可能会被他们做出。即两手手指张开，做出类似高塔的动作，但十指并不交叉，有可能手掌也不接触。

人的手指在遇到意想不到的重大事件的时候，会紧紧扣在一起。他们认为只有这样才能得到一些安全感。有些人把手放在下巴下面，他们此时更加像是在祈祷。在这个过程中，如果双手手指交叉越紧、紧扣的力度不断在增大，那么这个人的面部表情也会发生变化，很有可能有些人的手脚和面部会变得通红。

通常，当对某事产生怀疑或感觉到有压力时，人们会用一根手指轻轻摩擦另一只手的手掌，并且会一直持续下去这个过程。但是，如果形势发生大的转变或者变得更加严重时，他们的手指动作就会变得更加频繁，双手不停的交叉摩擦。这表明他们内心很挣扎。

面部表情是最后的。感知度最敏感也最丰富，而且国际通用的就是面部表情。

脸红、鼻子通红、嘴唇紧闭等情况是某些情绪出现问题的人表现出来的，他们的神态越来越不正常，他们的目光会停滞在一个地方，脖子也会变得僵硬，是不会东看西看的。

人们的面部肌肉在感到舒适和身心放松的时候，就会完全放松开来，他们是装不出这种放松状态的。

所以，一个人的内心性格会被一些小动作揭穿，不必对方开口，只要用心观察，你便知晓对方大致是一个什么样的人，在你面前没有任何谎言。对生活中的每个人都用心观察吧！

（1）边说边笑：与这种人交谈时，你会觉得非常轻松愉快。他们大都性格开朗，对生活从不苛刻要求，很留意"满足常乐"，富有人情味。感情专一，对友情、亲情特别珍惜。人缘较好，对平静的生活比较喜爱。

（2）掰手指节：这种人的习惯就是把自己的手指掰得咯嗒咯嗒地响。他们通常精力旺盛，非常健谈，喜欢钻"牛角尖"。对事业、工作环境比较挑剔，他会不计任何代价而踏实努力地去干他喜欢干的事。

（3）腿脚抖动：用脚或脚尖使整个腿部抖动是这类人喜欢的；最明显的表现是自私，很少考虑别人，凡事从利己出发，对别人很吝啬，对自己却很满足。但是很善于思考，能经常提出一些意想不到的问题。

（4）拍打头部：这个动作表示懊悔和自我谴责。这种人对人苛刻，但对事业有一种开拓进取的精神。他们一般心直口快，为人真诚，富有同情心，愿意帮助他人，但对秘密却守不住。

（5）摆弄饰物：这种人女性居多，一般都比较内向，不轻易使感情外露。她们的另一个特点是做事认真踏实，大凡有座谈会、晚会或舞会，人们都散了，最后总是她们收拾打扫会场。

（6）耸肩摊手：表示自己无所谓的动作。这类人大都为人热情，而且诚恳，富有想象力，会创造生活，也会享受生活，生活在和睦、愉快的环境中是他们追求的最大幸福。

（7）抹嘴捏鼻：喜欢捉弄别人的人习惯于抹嘴捏鼻，可是敢做不敢当，爱好哗众取宠。这种人终究是被人支配的人，别人要他做什么，他就可能做什么，在购物时常拿不定主意。

（8）经常低头：比较慎重。讨厌过分激烈、轻浮的事，孜孜勤劳，也很慎重交朋友。

（9）托腮：有旺盛的服务精神，讨厌错误的事情，工作时很反感松懈型的合作对象。

（10）两手腕交叉：对事情保持着独特的看法，常给人冷漠的感觉，属于易吃亏型的人，自我主义稍微有些。

（11）摸弄头发：这类人是情绪化的，经常感到郁闷焦躁的。对流行很敏感，但时冷时热。

（12）把手放在嘴上：比较敏感，是秘密主义者，经常嘴上逞强，但却有很温柔的内心。

（13）手握着手臂：这类人守旧，且不理性，由于不太拒绝别人的要求，很可能会吃亏。

（14）靠着某样物体：性格冷酷，有责任感和韧性，喜欢独自奋斗。

（15）到处张望：乐天派，具有社交性格，有顺应性，对什么事都有爱好，好恶感明显。

因此，一眼看穿身边的人，并不一定非要有丰富的心理学知识才能够做到，要了解一个人，也不一定要经过长年累月的相处。很多时候，一个人内心的性格和心理会从生活中一些细微的小动作，一些日常的小习惯中透露出来。

当然，也有一些可以使你的心境变好的小动作。下面是可以让你一天好心情的10个心理小动作。

1. 早上起床后深呼吸、伸懒腰

自己的一天，我们要学会管理，对减轻快节奏生活中的压力非常重要。起床后，别忘了打开窗户，用新鲜空气给大脑"提神"，伸懒腰舒展一下身体，让一天的开端有"精神"。

2. 出门后与人打招呼

出门后，全新的一天开始了。不妨带着微笑，与碰上的邻居、同事主动打个招呼，他们也会回报你同样的微笑和问候，让你开始一天的学习或工作时带着温暖的感觉。

3. 整理办公环境

活力的来源是良好的工作或学习环境，既减少压力，也有助健康。先花点时间把堆积如山的文件分门别类，接下来的时间会让你"有的放矢"。如果心中焦虑，靠墙摆放桌椅，你会踏实许多。

4. 遇到难题与人商量

人在紧张、压力中容易产生孤立无助的感觉。如果发现今天的工作很难完成，不如马上向大家求助。最好把具体的问题说出来，然后集思广益，以免让自己一整天都在沉重的情绪中陷着。

5. 中午休息一会儿

中午15—30分钟的小睡，下午的表现会更好。但时间不能太长，否则大脑会进入难以唤醒的"深睡眠"。

6. 下午活动一下身体

一上午的"头脑风暴"之后，下午再冥思苦想会有点"力不从心"。不妨动动身体，比如能帮你转换思路、缓解紧张的见客户、送材料等。

7. 烦躁时到窗边站一站

自然光对稳定情绪有利，但很多时候室内的自然光线不够。因此，任务繁多、心情焦躁时，试着走到窗边沐浴一下自然光线，也许会改善心情。

9. 和家人共进晚餐

如今，晚餐时间是一家人最好的沟通机会，可以互相说说自己的收获和见闻，但注意不要只发牢骚，对大家的心情造成影响。

10. 睡前拥抱你的家人

对他人进行拥抱不仅能增进感情的交流，还能有效克服消极情绪及孤独感，让你进入梦乡时带着温馨、满足的心情。

人们掩饰的再好，总会有一些小秘密被身体和动作所泄露。只要你认真的观察，你总会找到一些规律，而对于你自身以及你的人际交往来说，这些规律都有着很大的帮助。

隐藏在眼神里的心理学

3

人们说眼睛是心灵的窗户,的确如此,一些心底的波动可以从一个人的眼神中看出。一些内心情绪会通过眼神体现出来,如今社会,应该让自己有一双明是非并足够强大的眼睛。使一个眼色,或许你就明白一些事情,眼神的魅力就在这里。

小眼神，大信息

无声语言或非语言行为即是非言语表达，眼神、手势、头语、体态、表情等都包括在内。

可以把非语言交际认为是不直接依赖于语言使用的一种交流方式，总体来说，在哪个地方区分分开的语言和非语言交流形式是很难的。简单地认识到人类互动的许多方面取决于不能用语言所表达的交流形式是我们所需要做的，但这对我们相互理解是非常重要的。当然我们必须强调说话和文字表达的交流的重要性。许多交流不需要语言也能进行，这我们应该知道。

一个人的眼神不仅可以传递出一些信息，还可以增强自身语言表达的魅力。不但可以表达喜怒哀乐等情感，还可以表示赞许、反对、劝勉、制止、命令等意向。人们相互间的信息交流，总是以目光交流为起点。除此之外，目光交流在信息传递方面也发挥着的非常重要作用，故有所谓眉目传情。目光接触和面部表情提供重要的社会和情感的信息。人们或许没有有意识地这样做，正面或负面情绪会在彼此的眼睛流露出一些迹象。

但是在某些情况下，彼此之间的眼神交流会引起一些强烈的情感。在世界的一些地方，尤其是在亚洲，目光接触就会引起不同国家和民族的人们之间的误解。而在大多数西方国家，雇员在工作上与主管或与老年人面对面直视会使得后两者认为被冒犯，更有甚者会被误以为出现代表攻击性的象征的情况。

感情交流的一个重要的因素就是目光接触，在这里是在进攻的时候被用作的一种手段。目光相互接触的信号最初开始为简短一瞥，而后进入一个重复的过程和持续的眼神接触。有时候还会在吸引异性，以及对自己感兴趣的异性调情和其他一些方面会经常被使用。

目光在一定的方面是属于表情范围之内的。各种表情中，特别是眼、眉、嘴等形态变化更为他人注目。眼睛通常都被称作是心灵的窗户，目光则被称作是心灵的语言，想要对别人用眼睛说话予以注意的时候，通常首先要做的是目光之间的交流。因此，目光要尽量让别人看起来柔和、友好。目光受情感制约，人的眼睛的表现力极为丰富和微妙，想要充分发挥目光的作用，只有在把握好自己的内心情感的前提之下才可以做到。但凡炯炯有神的目光，给人以感情充沛、生机勃发的感觉；目光呆滞麻木，则给人以疲惫厌倦的印象；目光给人以凶相毕露的感觉，那么两人之间的交往想要去维持下去是非常困难的。

初次见面如果你想要给对方留下一个很深的印象，就要不断凝视对方，要在目光方面给予长时间的交流。与人见面时，不论是陌生的还是熟悉的，不论是偶然相遇还是如期约会，都要首先睁大眼睛，目视对方，面带微笑，显现喜悦和热情。在与人交谈的时候，切忌千万不要不停地去眨眼，眼神最好不要飘忽不定，更不要怒目圆睁，甚至于目光呆滞。最忌讳目光闪烁，盯住对方或逼视、斜视、瞟视。如果这样做的话，会让对方产生非常不信任的感觉。

在注视他人的时候，要以为圆心是对方面部中心，要以肩部为半径，目光交流的范围就在这个视线范围之内。与人交谈应始终保持目光接触，表示对对方很尊敬，对话题感兴趣。左顾右盼，环顾四周，表示对另一方的话题不感兴趣。与对方说话的时候没有眼神交流表示蔑视，或者满不在乎。随着话题、内容的变换，目光应做出及时恰当的反映，或喜、或惊，用目光会意，使整个交谈融洽和有趣。交谈结束时，目光抬起，表示结束。在离别的时候，目光里面一定要表现出依依不舍的惜别之情。

如果在正式的集会场合，或者在演讲之前，一定要用目光对全场予以环视，这就表示"大家请注意，我下面要开始讲话了"。在正确把握目光交流的同时，还要学会读懂对方的目光语言，了解其内心活动。目光与表情和谐统一，表示专注，谈兴正浓。目光飘忽不定，表示对于话题并不感兴趣，目光斜视则表示鄙夷，呆视的目光则用来表示惊讶的表情。

我们通常称眼睛为心灵的窗户，而眼神可以称之为窗口的核心灵魂。著名的戏曲表演大师盖叫天先生在他的《粉墨春秋》一书中曾把眼神分为看、见、瞧、观、瞟、飘、眇七类，很到位，我们可以学习一下。

第一种：看

如正坐着说话的你，听说某人来了，不知在哪里，急忙站起来看一看，这眼神就是"看"。

第二种：见

你从未见过某人，别人给你引见，二人对面相见，对了，正是他，于是你对他一点头，"见"就是这样。

第三种：瞧

瞧的意思是打量、观察，某人的人品如何，两眼把他上下一打量，"瞧"便有了。

第四种：观

眼往远处望，所谓"远观近瞧"，看的时候，头略微昂起那么一点，又像视线被远处的什么东西给遮挡住了似的。

第五种：瞟

是把转向一边的眼珠定住了，从眼梢看出去。

第六种：飘

看一眼是偷着的动作，所谓"飘你一眼"，心里想看，又不便正看，于是脸朝着别的方向，两个眼珠由下向上在眼眶里打一个圆圈，假装没有看见，可是已经看见了，就在眼珠转动时。

第七种：眇

意味有那么点儿似看不看，比"飘"更轻飘、滑溜，只是扫你一下时，眼睛像阵风似的。

与人沟通时，在一定程度上，眼神的行为表现反映出人内心的情感与态度，按照"影响行为学"划分的标准，共分为眼神不足，眼神恰当，眼神过多三种。

很明显，眼神不足的意思是你应该看的人不看，你应该用眼神交流时你不交流，你应该认真瞧时你不认真瞧，"目中无人"或"若无其事"就是如此。

眼神恰当是指合理的眼神运作和合理的情景和对象相配合。

不应该看的你去看，不应该瞧的你去瞧，过度使用眼神代替语言等沟通方式是眼神过多，造成的结果一般是"令人反感，产生误会"，要么是"深情款款，让人动情"，这类人物一般属于"心灵诗人"。

我们提倡在管理沟通中眼神适度行为，一方面可以让沟通的对方确认这样一个信息：你是重视和尊重他的，你是很在乎这件事的。另一方面在和谐的沟通氛围中可以形成互动。当然，对于相处较久的人来说，可能用个性化的眼神就可以达成互动与默契，但就不太适合对不太熟悉的或陌生的人过度用眼神，否则会造成误解和误会，有时直接用语言或其他非语言沟通方式会更好。

"三角法则"是两人对话时用眼神看对方时要遵循的。

"大三角"：处于公众距离的双方，而且不太熟悉，或是陌生时，可以用眼虚视对方的头与两肩三点，形成一个虚拟的对视大三角空间，既让对方感觉你在对视他，又没有不自然的感觉，异性之间特别是这样。

"小三角"：关系一般的双方，处于1米左右的距离的时候，可以采用这种眼神对视方式进行沟通，把他前额两端看成两点，再加下巴处一个点，形成虚拟的三角对视空间，前面所论述的作用同样可以起到。

"金三角"：关系熟悉的双方，沟通距离比较近，面对面的时候，沟通一方可以把对方的双眼看成两点，鼻子看成一点，三点成线，双方对视的区域就是这个小三角虚拟空间。当然，别忘了适当地要进行眼神的直接对视，强调谈话内容，或进一步确认对方态度的时候特别需要。

所以，两人沟通时，既要注视对方，又要避免凝视带来的副作用。我们可以适当采用虚视，要让对方从你的视线中感到你的真诚、友善、信任、尊重的情感。同时，视线向上，这是傲慢的表示；视线向下，这是忧伤的表示；环顾左右，这是心绪不宁的表示，这些都要切忌。而且那种得体、自然、柔和、活泼的表情，往往可以将一种美的享受带给听者。

同时，眼神应该与我们对话沟通的内容配合，情境有所调整，也要与我们的动作、行为和面部表情同步化，做到手到眼到心到，面部表情自然，并使自信、自然、精神、坦诚的眼神流露出来，沟通效果达到最佳。

眼睛是心灵的窗户，要想很好地与人沟通，就要将这扇心灵的窗户打开。

面试场合非常严肃，苏小明正在紧张地做着准备。这个面试会综合考评一个人的人际关系、沟通技巧、职业素养，客服方面的能力是最强调的。在苏小明之前，的确有一个漂亮姑娘给了她很大的挑战，那是个非常机敏的姑娘，她语言不多，而且身体语言一点也没为她加分。她握手时只用指尖轻轻一握，和面试官基本没有眼神交流。似乎有一些傲慢从细节之处流露出来，感觉对面试大局充分把握。相比之下，苏小明在面试时身体语言就很适度而且丰富，她表现得很谦虚，让她在面试中大占优势的正是这一点。

所以啊，眼睛是心灵的窗户，这是公认的名言。对此，生理学家在科学上也找到了相对应的根据。生理学家指出：人的眼睛上面与大脑相连的神经有上万条，它们是大脑从外部获得信息的渠道，同时又受着大脑的反弹控制，即反映着大脑的工作情况，又都可在瞳孔的变化中反映出人的所有秘密。人的情绪和态度从积极状态转为消极状态，或从消极状态转为积极状态时，瞳孔就会随之扩大和缩小。极度恐慌和极度兴奋的人，其瞳孔甚至可能会比常态扩大四倍以上。反之，在悲伤或态度消极时，瞳孔又会缩小许多。有人的这些变化在日常生活和工作中就充分地表现了出来。例如，人们在欣赏一幅优美的画面时，目光会显得炯炯有神。一对初恋的男女之间，使用目光的频率往往超过有声语言。除了瞳孔大小的变化外，眼睛的语言还包括眼睑和眉毛的变化。一个人眼睑的开闭方式可以有23种之多，睁大双眼，睁一只眼闭一只眼，眯着眼，表现的神态情绪和心理也不同。眉毛的变化有近40种不同的方位，双眉竖起，双眉侧挂，眉飞色舞，昭示的也是各种心理状态。印度诗人泰戈尔说："学会了眼睛的语言，在表情达意上是无穷尽的。"既然造物主将一双眼睛赋予我们，我们就应当好好利用它，将眼睛在日常交际中的作用充分发挥。

在社会心理学家看来，目光接触是非语言沟通的主渠道，是获取信息的主要来源。人的眼睛不仅仅有"看"的功能，而且更能体现一个人的修养、道德情操。科学证明，人们对目光有着非常敏感、深刻的感觉。我们可以从对方的眼睛中探出心灵深处的各种秘密。这种通过目光的接触来洞察对方心理活动的方法，这就是我们说的"睛探"。在求职面试时，目光接触可以促进双方谈话同步化。在下述4种情况下交谈中断的次数，有人作了研究：

① 面具双方均戴，只将眼睛露出。

② 墨镜双方各戴，只将面孔露出。

③ 双方的头在幕后挡着，只将身体露出。

④ 双方都在黑暗中处着。

来看一下结果：谈话在第一种情况下中断最少，在第二种情况下中断最多，可见目光接触的作用是很大的。在与对方交谈时，一定要用眼正视对方，使你的思想感情、性格、态度让别人更有效地理解，同时，通过"睛探"可以更好地从对方的眼神中获得反馈信息，及时对你要说的话进行必要的调整。在面试的过程中，求职者通过这样的审时度势，一旦发现问题便可以随机应变，采取应急措施。

面试时要记得：

1. 眉目可以传情

"眉目传情"的说法，我国自古就有。在人与人面对面交谈时，眼神更有其特殊的表现力和感染力。人在欢乐时眉开眼笑；在忧愁时愁眉苦脸；沉思时凝视出神；眼珠滴溜乱转时心生邪念。每个人都有喜、怒、哀、乐，在与对方交谈时，应尽可能在眼睛中明显地表露出来，以获得对方的理解和同情，收到好的谈话效果。交谈时自己的眼神应该根据内容变化，情感的抑扬起伏及时变换，切忌让对方觉得你无动于衷、呆滞麻木。

2. 用目光注视对方

通常，眼睛能表现出自卑、自信、诚实和伪装。在你进门之后，面试官会叫你的名字，与你打招呼；在问的过程中，他会用眼睛注视你。如果你是游移不定的眼光，逃避他的注视，这既表现出你还比较拘谨，也表示对于他的问题，你比较自卑。如果你与对方打招呼或提问时都能热情地注视对方，则显示你既有坚定的性格又有自信心。可以从一个女人的眼睛里看出她诚实与否。如果她的内心担心某种事情时，眼睛是忽东忽西的。有的人会突然做出一些姿态，转移别人的眼神。而诚实的眼睛哪怕是避开别人，也会显得是在认真地思考，而不是在其他方面打主意。

3. 捕捉眼神的变化

应当注意以下3点眼神的变化：

（1）一定的目的要有，没有目的的变化，就会造成乱意坏情。

（2）要及时在变化之后恢复正常，否则产生的后果就会形不达意。

（3）要密切配合有声语言、手势、姿态，协调和谐。在交谈中，要切忌那种无目的的眨眼和挤眉弄眼。

"水是眼波横，山是眉峰聚"。读懂了别人的眼神，受益无穷的将是你。

在《离娄上篇》中，孟子有一段用眼睛来判断一个人心术的论述："存乎人者，莫良於眸子，眸子不能掩其恶；胸中正，则眸子瞭；胸中不正，则眸子眊也。"

因为"眼睛是心灵的窗户"，从眼睛里流露出真心是理所当然的。

有人说过看一个人的眼神就能看其内心，透过他的眼神你就能看得一清二楚。因为一个人的所思所想很多时候会通过他的眼神表现出来，深层内心的欲望和感情，首先在视线上反映，不同的心理状态可以从视线的移动和方向以及集中程度等表达出来。

就像爬上窗台就不难看清屋中的情形一样，看懂人的眼色便可知晓人的内心状况。

其实自古就有眼睛看人的方法，须知一个人的个性几乎是一成不变的，而这个人的眼神是其心里活动表现最显著、最难掩饰的部分，不是语言，不是动作，也不是态度。言语动作态度都可以用假装来掩盖，而无法假装的只有眼睛。

在《推销员如何了解顾客的心里》一文中，一个心理学家说过："假如一个顾客眼睛向下看，而脸转向旁边，这表示你被拒绝了；如果他的嘴是放松的，没有机械式的微笑，下颚向前，你的提议他可能会考虑；假如他注视你的眼睛几秒钟，嘴角乃至鼻子的部位带着浅浅的笑意，笑意轻松，而且看起来很是热心，那么大概，这个买卖有戏了。"

其实别人眼睛的秘密要想读懂，最直接的方法就是和别人进行面对面的交流，那么对方的真正想法，你又怎么从对方的眼神和视线里看出呢？

对方的眼神是我们应该看重的，而不是对方眼睛的大小和圆长。以下是眼神的几个语言：

如果你发现对方是沉静的眼神，便要明白他对于你着急的问题，早已成竹在胸，稳操胜券。你如果向他请示办法，表示你的焦急，如果他不肯说明白，这有可能事关机密，不必多问，等他处理就好了。

如果你发现他是散乱的眼神，便要明白他也是毫无办法，徒然着急也是没有用的，向他请示，也是无用的。这时你得平心静气，另想办法，多问只会使他六神无主的程度增加。

如果你发现他是横射的眼神，仿佛有刺，便要明白他异常冷淡，如有请求，暂且不必向他陈说，应该借机从速离开，多逗留一会儿也是不适当的，退而研究他对你冷淡的原因，恢复感情的途径再谋求。

如果你发现他是阴沉的眼神，应该明白这是凶狠的信号，你和他交涉需得小心一点。有可能你的背后，他那一只狠毒的手正伺机而动呢！如果你不是早有准备和他见个高低，那么从速鸣金收兵是你最好的选择。

如果你发现他是流动异于平时的眼神,便要明白他是胸怀诡计,没准想给你吃点苦头尝尝。这时你应该步步为营,不要轻易接近,他有可能在你前后左右都安排了陷阱,一失足便跌翻。不要过分的相信他的甜言蜜语,这是钩上的诱饵,是毒物外的糖衣,要小心再小心。

如果你发现他是呆滞的眼神,唇皮泛白,便可明白他对于当前的问题惶恐万状,尽管口中说不要紧,他虽未绝望,也的确还在想办法,如果你已有方法,应该向他提出,并将几成把握表示出来。

如果你发现他发火的眼神,便要明白他此刻是怒火中烧,意气极盛,如果不打算与他决裂,应该表示可以妥协,速谋转机。否则,再逼近一步,势必会引起正面的剧烈冲突。

如果你发现他是恬静的眼神,面有笑意,你便应明白他对于某事非常满意。你要讨他的欢喜,不妨多说几句恭维话,你如果有所求,这也是个好机会,相信这时你的希望一定比平时更容易满足。

如果你发现他是神不守舍的眼神,便可明白他对于你的话已经感到厌倦,再说下去未必有效果,你应该赶紧告一段落,或乘机告退,或者寻找新话题,谈谈他所愿意听的事。

如果你发现他是凝定的眼神,便要明白他认为你的话有一听的必要,应该照你预定的计划婉转陈述,只要你的见解不差,你的办法可行,他一定乐于接受。

如果你发现他是下垂的眼神,连头都向下倾了,便要明白他是心事重重,万分苦痛。你不要向他说快乐事,那反而会加重他的苦痛;你也不要向他说苦痛事,因为越发难忍的就是同病相怜,你最好说些安慰的话,并且火速告退,多说就无趣了。

如果你发现他是上扬的眼神,便要明白他是不屑听你的话,无论你的理由如何充分，你的说法如何巧妙，还是不会有很好的结果，不如截然而止，退而将接近之道求得。

  不管怎么说，眼神有聚有散，有动有静，有阴沉，有呆滞，有下垂，有上扬，仔细参悟之后，你会发现非语言的眼神真的是人生的一门艺术。

眼神自信，机会更多

他人会对一双炯炯有神的眼睛有足够好的印象。而眼睛是心灵的窗户。所以，在演讲和沟通过程中，非常重要的就是眼光的运用。

众所周知，很多人上台演讲紧张恐惧，主要表现就是不敢正视别人的眼睛，怕的主要是四种人的目光：领导的或是职业份量比自己重的人、陌生的人、漂亮的异性及于心有愧疚的人的。当然，很多人也惧怕小偷、强盗、警察等特殊人的目光。

这里给大家讲两个发生在口才训练学员之间的真实的故事。

故事一是以前的事情，关于没有训练的非常自卑的一位学员的。这位同学非常内向，自我封闭，平时很害怕看别人的目光，总是显得有点"贼眉鼠眼"的，甚至"委琐"。由于无聊，这天晚上，他在街上闲逛，因为自闭，他走路总是弓腰驼背，看路人的目光也是游离飘忽不定。乍一看，就是个小偷。

而恰巧，有一位警察在旁边值勤。看到他的形象就对他注视了一会儿。

一注视不要紧，这位学生竟然不自信起来，眼睛和警察对了一眼，立即转移目光。警察越看越觉得有问题，就向他跨了一步，结果这位同学更加紧张，反而转身想跑。警察一看，想逃，没门，立即大声一喝上前就追。这位学生竟然拔腿飞奔。两人跑得上气不接下气的，最终警察把他逮住，追问身份证、工作证，全都有。

警察奇怪了：你为什么见到我就跑？说实话。

这位可怜巴巴的学生说：我是好人啊。你为什么这么追我啊？你不追，我跑什么啊。

各位，这故事可是真实的！不自信将跟随你一生！

故事二，这位同学也是口才班的。因为参加了口才培训，天天坚持目光训练，结果一双眼睛练得炯炯有神的。有一天，在公交汽车上，他的手机被小偷偷走了。当时他发现手机不见了，就请求司机停车。然后司机停车后，他从前排开始，目光对视一个一个的人，每位乘客坚持一分钟以上。当对视小偷时，整整坚持了五分钟，小偷竟然乖乖地把手机掏出来了。——当时这位同学在班上分享这段经历的时候，所有的同学都热烈的给他鼓掌。

确实，眼神自信了，赢取的机会会更多！

特殊的目光训练在口才培训课程中会让你的目光不再畏惧任何人的眼神。

眼睛是人心灵的窗户，需要有良好的个人素质和修养才能有炯炯有神的眼睛，同时需要有良好的心理素质，还要有丰富的人生阅历，更完整的眼神表达才可能会有。所以，眼神的练习更应该和你个人的思想在一起，当然，同时不断的练习也是需要的。

我们的眼神在生活当中如何训练呢？下面将为大家分享很多训练眼神的方法和技巧，只要坚持下去，一双充满魅力的眼神，你就可以练就！

学员参加口才的课程，被要求要随身携带一面小镜子。平时没有事的时候，可以拿出来，然后将自己设定于某种意境中，将相应的眼神表现寻找出来并反复练习。把喜、怒、哀、乐、怨恨、愁等不同的心境表达出来，然后自己再评价自己的眼神。

今天就先将练功者、演员、军人和口才学生平时练习眼神的方法介绍给大家。

手到、身到、眼到是练功者或是演员讲究的。这三者中又以眼快为先。所以，经常练习可以做到眼观六路。有功之人，一旦与人交手，眼神到位，就有了灵活抵挡的先决条件。从实战的角度来说，体察对方的重要关键就是眼神，能有效地目测距离，对其所用的拳法和战略技术进行判断。

眼神在表演上也占有极其重要的地位。

看一下练功者的几种练习方法：

（1）定穿眼：站好立正姿势，两手握拳于腰间，双眼圆瞪，盯住正前方一个目标不动，好似要将目标看穿一样（以下开始，步法都为立正式）。

（2）左右晃眼：不动头部，双眼圆瞪，眼球平行左转，看左侧的极限角度。定一会儿后，迅速平行右转。左右反复数次练习。

（3）上下晃眼：不动头部，双眼圆瞪，眼球平行看上方的极限角度。定一会儿再下移，下移到最低角度。上下反复数次练习。

（4）旋眼：不动头部，沿双眼边缘所能看到的极限角度，做圆形旋眼动作按顺时针或逆时针的方向。

要注意练习时：

要是安静、清洁的环境，避免阳光直射，最好在松柏长青、风景秀丽的地方练习；头要正，身要直，舌抵上腭，下颌内收。每个动作练完后，可休息一会儿，按摩也可配合。

我们再来看看演员和军人如何练眼神的。

严格的眼神训练，演员都是要经过的。京剧大师梅兰芳在台上，只要眼睛向台下一扫，无论你坐在哪个角落，都能感觉到他已经在看你了——而且将你的心看穿了！其实，各位朋友，梅兰芳从小就有眼疾，而且还是近视。他完全是练出来的眼神。

演员是从2—3米的距离盯着蜡烛看练眼神的，眼神要集中，一次5分钟到30分钟不等，随练习程度的深入而逐步增加，在此范围内。

近视眼的六小龄童练习的方法是：白天盯着日出看20分钟，直到眼泪流下来——这样练眼神固定；经常看乒乓球，眼随球动——这样练眼睛的灵活度；晚上看香头，屏气凝神——眼神聚光这样练。

从小生活在单亲家庭的电影明星梁朝伟，有些自闭，自闭的伟仔喜欢一个人对着镜子说话，因此他练就了杀死人的眼神，对异性，这种眼神的杀伤力很大！

军队中练眼神的方法也有一项。盯着一样物品，眼神集中并且想象那物品就是你最憎恨的东西或者人，每次5分钟到15分钟不等，集中并凶狠是要注意的。

还有就是应该注意用眼的卫生和勤加锻炼。锻炼方法是用眼远望，尽可能远，看绿色的东西。还有，可以养一缸鱼，眼睛跟着鱼的游动游走。长期以往就可以了。梅兰芳梅大师一双传神双眼就是这么练就的。

平时，我们上班可能比较辛苦，在办公室里我们如何利用空闲时间练眼神呢？下面介绍一套简单的眼保健操，可以巩固和改善视力。

（1）后仰、紧靠椅背，深吸气。然后前倾，贴近桌面，深呼气。重复5—6次。

（2）紧靠椅背，全身放松。然后眯眼，再张开，重复4次。

（3）坐在椅子上，双手叉腰。然后头右转看右胳膊肘，再左转看左胳膊肘。重复4—5次。

（4）坐在椅子上，举食指放在脸中部离鼻子15—20公分。然后看前面不远处的墙2—3秒，目光转向手指，看指尖3—5秒。放下手，重复5—6次。

按照上面的练习，久而久之，你望人的时候会构成条件反射，眼神自然集中，让人感觉到"触电"。

累的时候放松休闲，还可以多看着比较空敞的地方，用眼神在空中写字母，比如写个K，再继续写个Y，然后眼神跟着写出的字母位置不断变化，这样可以让眼神变得有神起来的。当然这都需要坚持下来。

建议眼保健操平时多做做，眼睛疲劳时用热毛巾捂住眼睛闭目休息一会，以便于眼睛的保健。饮食上可以补充一下含有维生素A的食物，对眼视力会有提高的作用。

然而，想要不出现自卑的眼神，就需要我们将自信树立起来。

毛泽东说过："自信人生二百年，会当击水三千里。"许多人不成功，不是缺少能力，而是不自信。成功的大门，世界上只有独立意识的人才能敲开，但是只有自信的人才能冲破一切困难阻碍，在成功的门前驻足。

日本著名指挥家小泽征二在参加一个世界指挥大奖赛时，成为三个决赛选手之一。演奏中，他发现一个不和谐音符，开始，他以为自己听错了，重新开始，仍然如此。于是小泽征二询问在场的专家，是不是乐谱有问题？此时，在场的专家向他保证乐谱绝对没问题。小泽征二认真思索后大喊一声：不，是乐谱错了。话音刚落，一阵热烈的掌声从评委席传出——原来，这"陷阱"是评委精心设计的。

如果自己没有绝对的自信，在权威的评委误导下，小泽征二也许会放弃自己的观点，从而与冠军擦肩而过。可见，一个人最应具有的品德就是自信。莎士比亚说过："对自己都不信任，怎么让别人信任你？"

其实，我们并不是因为难以做到有些事情，才失去自信；而是因为我们失去自信，才显得难以做到有些事情。

山姆·史密斯觉得，一个人的自信心，可以决定他是否成功，所以说自信是成功的必要条件。那么，问题是，自信如何才能做到呢？

第一，将自信挖掘出来，超越自卑。狂妄的人有救，自卑的人没救，认识自己，挖掘自信，自己才能改变。

当年，考进北京的大学的他来自一个小城，怕被大城市的同学瞧不起。很长一段时间，他的心灵被自卑的阴影占据着。

二十年前，在北京的一所大学里上学的也有她。大部分日子，她也都在疑心、自卑中度过。她疑心同学们会在暗地里嘲笑她，嫌她肥胖的样子太难看。她不敢穿裙子，不敢上体育课。大学时期结束的时候，她差点儿毕不了业，不是因为功课太差，而是因为体育长跑测试她不敢参加！她连给老师解释的勇气也没有，茫然不知所措，只能傻乎乎地跟着老师走，老师勉强让她过了。

现在，他是中央电视台著名节目主持人，经常对着全国几亿电视观众侃侃而谈，他主持节目给人印象最深的特点就是从容自信。他就是白岩松。

现在，她也是中央电视台著名节目主持人，而且是第一个完全依靠才气而丝毫没有凭借外貌走上中央电视台节目主持人岗位的，她就是张越。

原来，他们也会自卑。原来，也是可以彻底摆脱自卑的。

然而，总有人因为有某种缺陷或短处而特别自卑，从而影响了他们一生。其实，这些所谓的自卑理由都显得十分可笑，比如：肥胖、矮小、贫穷等。殊不知，完美无暇的人是没有的，拿破仑的矮小、林肯的丑陋、罗斯福的瘫痪、丘吉尔的臃肿等。缺陷都非常明显而典型，可他们都毫不在意，并没有自卑自弃，反而生活得坦然自在，并在事业上取得了极大的成功。

成功的机遇充满了世界，同时充满的也有失败的可能。所以，我们要不断提高应付挫折与干扰的能力，调整自己，使社会适应力增强。若每次失败之后都能有所领悟，把每一次失败当作成功的前奏，那么就能化消极为积极，用自信取代自卑。

第二，对别人敢于正视。眼睛是心灵的窗户，眼神可以透露出很多信息。不正视别人，除了问心有愧或者有不好的企图之外，只可能是自卑了。一个人和别人站在一起，但却感到不如对方便产生畏惧，所以对别人的眼神就躲避。

对别人正视，可以清晰地传达这样的信息：诚实，光明正大，信任别人，不心虚。我们要让自己的眼睛为自己工作，所以，一定要让你的眼神专注，这不仅关系到自己的信心，同时别人对你也会更加信任。

第三，自尊心的培养。对自我要有积极评价和期望，也就是看得起自己。自尊心作为一个人对自我的正面评估，对个人对与自身有关事件的看法会有深刻影响，并给个人的精神面貌打上独特的烙印。实事求是地评估自己，既不会否认自我的任何优点，也不会遮掩自我的任何缺点是自尊心的真谛。我们要培养自尊心，不要过低地看轻自己，将自己的权利和机会放弃掉。

第四，任何场合，都挑前面的位子坐，或者靠前站。有一个大家都很容易忽略的事实，无论在礼堂、教室还是其他什么场合，无论是站还是坐，先满的总是后面的位置。因为人们都不希望自己太惹人注意，这其实表现了人在公共环境下普遍缺乏信心。

那些对前面的位置主动选择的人，显然具有足够的信心。所以我们要培养自己的自信心，就按照这个规则去做，出席某种场合，只要符合礼仪，尽量凑到前面。在前面当然是比较显眼，不过我们也不要忘了，有关成功的一切没有不显眼的。

第五，主动发言要学会。拿破仑希尔指出，很多人知识丰富，思维敏捷，很有见解，但在集体讨论中却很难参与进来，自己的长处无从发挥。其实不是他们不想参与，而只是因为他们对自己没有足够的信心。他们往往认为自己的意见没有价值，说出来甚至别人会觉得很愚蠢，所以最好还是别说了。而且别人都挺厉害，比自己懂得多，可不要让自己显得无知。而如果每次这种场合都尽量发言，信心就会逐渐积累，也会越来越容易发言。

一种态度是主动发言，甚至发言的具体内容也并不是那么重要，课堂上课文诵读、提出问题、回答问题、参与小组讨论等都可以，关键是你敢于站起来发言。而且还有一点，要做破冰船，第一个站起来打破沉默尴尬的局面，不要等到最后才站起来。第一个站起来更有利于培养你的信心。

第六，生活中笑要大声。人人都知道，笑能给自己带来帮助，对于信心不足来说笑是一味良药。许多人在丧失信心的时候，帮助自己时总忘记展露笑容。

自己的不良情绪能被发自内心的笑驱走，还能够化解别人对你的敌意。真诚地展颜微笑，看到你笑容的人肯定无法对你生气或者有什么别的恶感了。这是拿破仑希尔亲身经历的：

一天开车出行的他，遇到红绿灯停下。此时，突然一声巨响，原来是后面那辆车刹车不及，撞了上来。希尔很恼火，他从后视镜看到后面那人下了车，于是他也下车，准备把那人痛骂一顿。不过，他还没来得及开口，那人已经冲他过来了，一边微笑，一边用最诚挚的语调对希尔说："对不起，朋友，这真的是个意外。"在微笑面前，希尔的满腔怒火顷刻间就化为乌有，也微笑说道："没关系，这种事难免会有。"

微笑能征服他人，而咧嘴大笑会治愈自己内心的伤痛。开怀大笑一次，你会觉得生活是如此美好。要笑得够大才有效果。半笑不笑用处不大，要有功效至少得露出牙齿。

第七，从一点一滴做起自信。人都有惰性，也都在潜意识里有一种自卑情绪，要克服这些弱点，最好的办法就是先设立一些小目标，慢慢实现，积少成多，最后就多了。

我们的自信心通过这些方法能够获得不断的提升。只要有自信，昨天的梦想，可以是今天的希望，亦会成为明天的现实！一个真正自信的人，才不会让别人在其眼神中看到自卑。

眼神充满魅力，可以让别人看到我们的自信，对我们的人际交往也有良好的促进作用。

目光交流，读懂内心

眼神不仅能够将信息传递给别人，也可以使语言表达的魅力得到增强，而且还可以表达喜怒哀乐等情感，赞许、反对、劝勉、制止、命令等意向也能够用眼神表示出来。

在人际交往的过程中，目光的交流占有很重要的位置。人们总是用目光的交流为起点，交流相互之间的信息。信息传递是目光交流所发挥的重要作用，也因此有了眉目传情这样的情况。重要的社会和情感的信息能够通过目光接触和面部表情表达出来。人们在探知彼此的眼睛和面临正面或负面的情绪时，这样做的时候或许并不是有意识的。而眼神交流在某些情况下，会引起强烈的情感。在世界的一些地方，不同国家和民族的人们之间会因为目光接触而产生误解，尤其是在亚洲。而在大多数西方国家，雇员如果在工作上与主管或与老年人面对面的时候直视对方，就会使得后两者认为这位雇员是在冒犯自己，更有甚者还会被误以为这种目光的接触是代表攻击性的象征。

在感情交流方面，目光接触也是一个重要的因素。在勾引异性，调情和其他一些方面，目光接触常常会被用作一种进攻的手段而被使用。

简短的一瞥是目光相互接触最初的开始信号，而后的眼神接触则是一个重复和持续的过程。

目光属于表情范围。各种表情中特别为他人注目的是眼、眉、嘴等形态的变化。心灵的窗户就是眼睛，而心灵的语言则是目光，要注意的是，通常和别人用眼睛说话的时候，最先开始的就是目光的交流。因此，你的目光要尽量让别人能够感到柔和、友好。目光受情感制约，人的眼睛拥有极为丰富和微妙的表现力，要想让目光能够充分地发挥它的作用，就必须先将自己的内心情感把握好。但凡炯炯有神的目光，都能够让人们有一种感情充沛、生机勃发的感觉；如果一个人的目光是呆滞而麻木的，那么这个人就会给人留下疲惫厌倦的印象；如果是凶相毕露的目光，那么他必然难以再持续与人之间的交往了。

在和别人见面的时候，不论你们是否熟悉或者陌生，也不论你们是否只是偶然的相遇还是如期的约会，见到对方的时候，都要首先睁大眼睛，面带微笑地目视对方，表达你心中的喜悦和热情。如果你希望对方能够对你产生很深的印象，就要凝视对方，进行长久的目光交流。

与人交谈时，最忌讳的事情就是目光闪烁，盯住、逼视、斜视或者瞟视对方等都是绝对不能做的事。不要不停地眨眼，眼神不要飘忽，也不要怒目圆睁，或者露出呆滞的目光。这些目光都会使对方对你产生一种不信任感。注视他人时，目光交流的视线范围应以对方面部中心为圆心，以肩部为半径。与人交谈的时候，为了表示十分尊敬对方，对正在进行的话题感兴趣，应始终保持目光接触。如果在交谈的时候一直左顾右盼，就表示你对这个话题不感兴趣，这是不尊重对方的表现。不看着对方说话表示你在藐视对方，或者心不在焉。目光应该随着话题、内容的变换而做出及时恰当的反映，或喜，或惊，整个交谈会因为目光会意而变得十分融洽和有趣。交谈结束时，要抬起目光表示结束。道别时，目光要表现出惜别之意。

在集会场合进行演讲之前，为了表示"请注意，我要开讲了"，要先用目光环视全场。在正确把握目光交流的同时，还要为了能够了解对方的内心活动而学会读懂对方的目光语言。谈兴正浓的时候，为了表示专注，目光一定要与表情和谐统一。如果一个人的目光游离不定，就表示他对这个话题不感兴趣；斜视的目光表示的是鄙夷；而表示惊讶的是呆视。

1985年的研究发表的《儿童实验心理学》表示，在成为别人视觉对象方面，3个月大的孩子的反应有点迟钝。1996年加拿大对3到6个月大的婴儿进行了研究，研究人员发现，婴儿面部表情的微笑会随着成年人目光接触的转移而随之降低。英国《认知神经科学杂志》一项研究数据显现，婴儿脸部认知识别能力会因为进行父母直接的目光接触而得到有效的提高。婴儿的直接凝视受到成年人的目光的直接影响已经得到了其他的一些研究的证实。

最近的研究表明，信息的记忆与促进回想和更有效率的学习都会因为目光的接触而产生积极的影响。

穆斯林信徒的目光在伊斯兰教信仰中，为了避免唤醒潜在的欲望，通常除了他们的合法家庭成员伙伴之外，最初异性的脸和眼睛都不会得到他们的关注。同时禁止的还有年轻人或成人与异性淫荡的眼神接触。也就是说，在男人和女人之间，只允许进行一两秒钟的目光接触。在大多数穆斯林学校中，这是一个必须要遵守的规则，当然也有一些例外情况：在课堂教学、法庭作证和女孩结婚的时候，目光接触是被允许的。如果存在以上几种情况，它也只在总的原则范围内被允许：眼神必须要纯洁，"不能有性幻想"。否则，是绝对不会允许目光接触的，否则就可以被别人视为"邪恶的眼睛"。

在许多地方文化中，最起码的尊重就是不直接对视占主导地位的人，如东亚和尼日利亚。但这种行为在西方的文化中可以解释为"shifty-eyed"，又称"缩骨眼"，字面翻译就是说这是躲躲闪闪，不可靠，不可信赖的眼睛。而在判断一个人时，常因为"他没有看着我的眼睛发表意见"为由，就像"shifty-eyed"，可以对个人有不可告人的意图或思想企图表示怀疑。

在别人谈论中，为了寻求插话或者将大家的注意力分散而不断地打断别人的目光接触，在西方的文化中是霸道和无礼的，作出这种举动的人可能会被别人认为是一个只拥有本能且只有下意识水平的高级动物。

大学心理学家得出过这样一个结论：询问同样一群普通的孩子两个相同的问题，A组的孩子总是避免和别人有眼神接触，他们虽然没有和问题者进行眼神交流，却在考虑他们问题答案，B组的孩子目光接触较高，与A组孩子回答的结果相比，他们所得出的答案的正确率要高出许多。研究者的理论认为，对人们的面部表情进行观察需要经过大量的心理过程，认知手头上的工作也会从而降低。研究人员还指出，如果一个人露出茫然的眼神，则表明他缺乏理解，这是大多数人都知道的。

有些人会觉得，与其他人相比，自己要进行目光接触更加困难。例如，那些患有自闭症障碍或社交焦虑症病人会因为目光接触而感到非常不安。

在正式的场合中与他人交流时，目光交流要如何才能正确使用呢？

（1）接纳法：当你注视着对方的时候，对方向你微笑，这就表示对方理解并接纳了你；反之，如果对方在你注视着他的时候面部没有反应或回避你的视线，就表示拒绝你的接近或者暗示现在不是相互了解的时候。

（2）恋视法：恋视常传递着诚挚、热烈的爱慕之情。这种方法是在注视对方的时候，表露出爱慕、敬仰、温柔、友善之意。假如对方注视你的时候所用的是同样的目光，你可以报以微笑，表示相互理解；如果对方立即回避了你的目光，你不要急着撤回你的目光，因为这可能是为了试探你是否真情而采取的暂时的回避，是一种"投石问路"的做法。

（3）回视法：回视法也就是转身注视。在恋视情景中经常被用到，多次回视表示，留恋、情深和真诚的友爱。表示疑惑不解、不懂等时，也可以用回视法。回视所要表示的意思会因为情景的需要而有所不同。

（4）目光确认法：当你需要对方能够对你的回答表示肯定的时候，可以通过目光交流，让对方给予你肯定。

眼神回答大致分为五种：

一是抱歉。当对方在你注视对方的时候面带愠色，你可以向对方微笑示意并迅速将你的视线转移，这种做法可以向对方表示："对不起，我是无意的。"

二是谢绝。在你不想接受别人的注视时，可以瞥他一眼，然后扭转身去。其意是："请不要看着我，我不喜欢你。"

三是告诫。对注视自己的人视而不见，不屑一顾，是告诫他："我看不上你，你该知趣！"

四是拒绝。当你要拒绝对方一直死盯着你的时候，你最好皱上眉头并深深地瞥他一眼。隐含意思是："你这个人十分讨厌！"

五是警告。当别人送来不怀好意的目光时，你可以敌视对方，发出抗议。其意是："你想怎样？我很危险，离我远点！"

谈话开始时，为了产生不必要的紧张，不要直接盯住对方眼睛；一句话，快结束时再看对方眼睛，用眼神询问对方"我说的对吗"？若对方对你微笑或点头，则是表示赞许；如果对方并没有任何表示，且目光黯淡，就表示对方所持的意见可能与你不同。如果对方在你大谈阔论的时候不停地看手表，那意思分明就是在告诉你："你说的差不多了，我有事要先走了。"

总之，人的眼神很复杂，许多不为人知的道理都容纳在里面。在与人交往的过程中，通过眼神的沟通可以慢慢学会理解对方的心理、情绪和思绪。眼神交流的艺术也是非常复杂的，而且，人的气质、性格甚至品行都与目光所要表达的不同的含义有关。自己要时刻保持情感健康、畅爽开怀。记得在与人交流的时候，千万不要流露出贪婪、板滞、阴险、狡诈的目光。

人类最明确的情感表现和交际信号一向被人们认为就是眼神，在面部表情中，眼神占据着主导地位。

能够反映出深层心理是眼睛具有的特殊功能。"一身精神，具乎两目"。据专家们研究，实际上，眼神是指瞳孔的变化行为。

瞳孔是由中枢神经控制的，大脑正在进行的一切活动都是由它如实地显示着。瞳孔放大，传达的是爱、喜欢、兴奋和愉悦等正面信息；瞳孔缩小，则传达的是如消沉、戒备、厌烦和愤怒等负面信息。从眼睛这个神秘的器官中，人的喜怒哀乐、爱憎好恶等思想情绪的存在和变化都能够显示出来。

因此，在眼神与谈话之间，存在一种同步效应，它能够忠实地将说话的真正含义显示出来。要敢于和善于在与人交谈的同时和别人进行目光接触，这不仅是一种礼貌，而且还能帮助维持一种联系，在频频的目光交接中能够让谈话持续不断。更重要的是眼睛是心灵的窗户，能够帮你说话。眼神经常被恋人们用来传递爱慕之情，特别是初恋的青年男女，通常与有声语言相比，他们使用眼神的频率要高出许多。

有的人对眼神的价值并不了解，以至于在某些时候觉得眼睛是个累赘，于是总习惯于低着头看地板或盯着对方的脚，要不就"四顾左右而言他"，这对于交谈和发挥口才是非常不利的。要知道，一般情况下，人们更相信自己的眼睛，如果一个人在谈话的时候不愿进行目光接触，人们往往就会觉得他这么做是在企图掩饰什么或心中隐藏着什么事；如果精神上不稳定或性格上不诚实那么他的眼神就会闪烁不定；怯懦和缺乏自信心的表现就是几乎不看对方。这些行为都会对交谈造成影响。

当然，老是盯着别人也是不礼貌的。英国人体语言学家莫里斯说："只有在产生强烈的爱或恨的时候才会发生眼对眼的凝视，因为在一般场合中，大多数人都不习惯于被人直视。"

长时间的凝视也有一种蔑视和威慑的意味，有经验的警察、法官在逼迫罪犯坦白的时候就常常使用这种手段。因此，凝视并不适合一般的社交场合。研究表明，交谈时，在全部谈话时间的30%～60%，是目光接触对方脸部的最佳时间。如果一个人的目光接触超过这一阈限，可认为与谈话的内容相比，他对对方本人更感兴趣，如果目光接触的时间低于这一阈限，则表示谈话的内容和对方都没有引起这个人的兴趣。在一般的情况下，后二者都是失礼的行为。

但是在进行演讲、作报告、发布新闻、产品宣传等集会中的独白式发言时则不一样，因为在这些场合中，讲话者与听众的空间距离大、范围广，为了能够保持与听众之间的联系，收到更好的效果，就必须持续不断地将目光投向听众，或平视，或扫视，或点视，或虚视。

面部表情中最丰富生动，也最善于传情达意的就是人的眼神。虽然语言在人与人的交往中是重要的手段，但有的时候只是通过眼神沟通，不用语言也能达到交际目的，将情感和思想表达出来。许多时候，甚至无声胜有声。所以，用眼神来传递礼仪是我们在人际交往中不能忘记的方法之一，眼神的运用是非常讲究的。

第一，在与人交谈的时候，占全部谈话时间的30%到60%，是视线接触对方脸部的时间，超过这一数值就会被别人看作是对谈话者本人的兴趣要多于对谈话内容的兴趣，比这一数值低则说明不论是谈话者还是谈话内容都没有兴趣，因此一定要将谈话时目光接触的这一时间度把握好。长时间凝视对方是一种不礼貌或者挑衅的行为，会被认为你侵犯了别人的私人空间或势力范围；如果完全不看对方，人们就会认为你非常自高自大，才会做出这种傲慢无礼的表现，或者是因为你想要试图去掩饰什么，如空虚、慌张等。

第二，从视线停留的部位可反映出三种人际关系状态：一是近亲密注视，这是将视线停留在两眼与胸部的三角形区域，在朋友之间进行交谈的时候常被用到；二是在双眼和嘴部之间的三角形区域停留视线，这是社交场合中常见的视线交流位置，被称为社交注视；三则是为了制造紧张气氛而使用的严肃注视，视线停留在对方前额的一个假定的三角形区域。如果你的视线在这一区域停留，那么对方就会感觉到你有正事要谈，你就能够保持主动。

第三，眼神变化能够将某种信息准确地传递出来。表达的含义会因为视觉方向的不同而不同，如仰视表示思索，俯视则代表忧伤，正视是庄重的意思，斜视则意味着蔑视等，是不能随便使用的。还有，要学会自如地协调眼神的变化，要有机地与有声语言配合在一起，不能只依赖于眼神交流，而忽视了其他或者两者分离。

眼神的礼仪是多种多样的。在世界各族民众中，往往都是用特定眼神来表示一定的礼节或礼貌。

注视礼：在倾听尊长或宾朋谈话时，阿拉伯人为了表示敬重，两眼总要直直地注视着对方。日本人相谈时，通常会为了表示礼貌而恭恭敬敬地注视着对方的颈部。

远视礼：当同亲友或贵客谈话时，南美洲的一些印第安人的目光总是要作出类似于东张西望的姿势，望着远方。如果对三位以上的亲朋讲话，为了表示尊敬之礼，需要要背向听众，看着远方。

眯目礼：在波兰的亚斯沃等地区，女方需要在已婚女子同丈夫的兄长相谈的时候始终眯着双眼，这种做法是为了表达谦恭之礼。

眨眼礼：安哥拉的基母崩杜人为了表示欢迎之礼，总是在有贵宾光临的时候不断地眨着左眼。而来宾为了表示答礼，则要不停地眨着右眼。

挤眼礼：澳大利亚人在路遇熟人时，除了会为了表示礼遇之礼而说"哈罗"或"嗨"之外，有时要挤一下左眼，也就是行挤眼礼，这是一种礼节性招呼。

眼睛总体活动的一种统称就是眼神。俗话说眼睛是人类的心灵之窗。对自己而言，自身的心理活动能够由它最明显、最自然、最准确的展示出来。对他人而言，与其交往所得信息的87%来自视觉，只有10%左右是来自听觉的信息。

所以孟子才说："存乎人者，莫良于眸子，眸子不能掩其恶。胸中正，则眸子瞭焉。胸中不正，则眸子眊焉。听其言，观其眸子，人焉廋哉。"

眼语，就是指人们在日常生活之中借助于眼神所传递出来的信息。在人类的五种感觉器官眼、耳、鼻、舌、身中，最敏感的就是眼睛，它通常占有人类总体感觉的70%左右。因此，泰戈尔便指出："一旦学会了眼睛的语言，表情的变化将是无穷无尽的。"

眼语的构成，一般涉及五个方面，也就是时间、角度、部位、方式和变化。

1. 时间

在人际交往中，注视对方的时间长短是十分重要的，尤其是在与熟人相处的时候。在交谈中，通常倾听者应该多注视着诉说者。

（1）表示友好。如果想要让对方感受到你的友好之意，则在全部相处时间的约1/3左右，都应该注视着对方。

（2）表示重视。若对对方表示关注，比如听报告、请教问题时，那么就应该在全部相处时间的约2/3左右注视着对方。

（3）表示轻视。如果你在谈话的时候，注视对方的时间不到全部相处时间的1/3，那么别人通常就会认为你是瞧不起他，或对谈话没有兴趣。

（4）表示敌意。若注视对方的时间超过了全部相处时间的2/3以上，就意味着你可能对对方抱有敌意，或是是为了寻衅滋事才这样做的。

（5）表示兴趣。当你在谈话时注视对方的时间超过了全部相处时间的2/3，那么还有另一种情况，也就是说这样的行为表示了你对对方本人要比谈话内容更感兴趣。

2. 眼神礼仪之注视的角度

在注视他人时，事关与交往对象亲疏远近的一大问题，就是目光的角度，也就是其发出的方向。注视他人的常规角度有以下几点：

（1）平视。平视也叫做正规，是指视线呈水平状态。一般情况下是在普通场合与身份、地位平等之人进行交往的时候采取的方式。

（2）侧视。侧视是指位于交往对角一侧，面向对方，平视着对方，它是一种平视的特殊情况。面向对方是它的关键，否则就会产生斜视对方的行为，那是很失礼的。

（3）仰视。仰视就是主动居于低处，抬眼向上注视他人。它适用于面对尊长的时候，表示着尊重，敬畏之意。

（4）俯视。俯视适用于身居高位的时候，注视他人的时候抬眼向下看。它可以表示对晚辈的宽容、怜爱之意，也可以表现出是对他人的轻慢或歧视。

3. 两种错误的眼神

生活中，眼神是人与人交往的过程中相互接触的第一个行为。在你的交往过程中，正确地运用眼神会使你交往的成功几率提高，从而赢得友情，否则就会适得其反。直视对方就是对眼神的正确运用，但一直盯着对方是不礼貌的。

"盯视"。盯视所传递的语言常常是不礼貌的。如果死死地盯视一个人，特别是盯视他的眼睛，不管你是否是有意的，都意味着你的无礼，对方会因此而感到不舒服，认为你在打他的什么主意。因为，在凝视对方的时候，人们的肯定会有心理活动，而对方的心理反应也会非常强烈。

在某些特定的场合中，盯视是作为心理战的招术使用的，如果贸然在正常社交场合中使用盯视，会很容易造成误会，让对方觉得你是在侮辱甚至挑衅他。在我们的日常生活中，总是会碰到一些眼神令人生厌的人。比如，有的人看到对方的华丽服饰或是长相比较出众，就会"视无忌惮"地盯视对方，而人都拥有非常敏感的第六感，只要有人在盯视他，他马上就会本能地意识到，而且会马上将视线转向这个人。有涵养的人会对此不屑一顾，稍有不慎的话，对方一定会投来反感的目光。所以，就算你这样盯视对方并不是有意的，但是，这种行为毕竟很不礼貌，因此一定要规范自己的眼神。

"眯视"。"眯视"反映出的语言并不太友好，它会让人感受到睥睨与傲视，除此之外，它的至少也是漠然的。另外，在西方，面对异性的时候，眯起一只眼睛，并眨两下眼皮，是一种调情的动作。

眼睛的语言，其实可以将一个人的品质与修养透示出来。成熟的、有教养的人对控制自己的情感非常擅长，不会轻易让它从眼睛里流露出来对别人造成侵染。即使对交往对方的人和事并不喜欢，鄙夷或不屑一顾的眼神也不会轻易地做出来。而且，她的眼神，展示着一种落落大方、亲和友善的淑女风度，那些有斜视、盯视、瞟视、瞥视、眯视毛病的人会因此而自惭形秽，导致他们的心灵会受到某种程度上的净化。

如果说眼睛是心灵的窗户，那么透过窗户传递出的内心世界的本质就是眼神。如果一个人非常的公正无私，那他的心底就会像一方晴朗的天空一样，清澈、洁净、透明，我们的心情会因为他眼神中所流露出来的那种公正、公平的力量而变得阳光，变得灿烂；一个与人为善的人，会流露出鼓励和肯定的眼神，我们的心灵就像被一股股暖流温暖滋润着一样，我们的斗志也因此得到了鼓舞；一个充满爱心的人，也一定会有充满爱意的眼神，严肃中透漏着慈祥，平静中夹杂着期盼，我们的心灵仿佛被一条汩汩流淌的河流不断地荡涤着。

嘴巴上的谎言，眼神里的真相

说谎是我们每个人都会的事情，只是所说的谎话多或少而已。人们在每次说谎的时候都有不同的动机和自己的需要，有些是为了得到利益而说的谎言，有些是为了自保而说的谎言……不论说谎是出于什么目的，谎言的产生总是不道德的，说谎者多少会因为说谎而感到窘迫、羞愧，害怕别人揭穿自己的谎言，情感上的压力也因此而产生。

但是有些说谎者为了缓解由于道德感与行为不一致所引起的情感压力，会逐渐将自己对说谎的态度进行调整。于是，说谎者不再因为说谎话而感到焦虑，他们开始觉得说谎其实也没什么，渐渐地，他们就会习惯说谎，说谎话的时候也是抱着一种无所谓的态度。

从心理健康的角度看，人们为了消除自己的焦虑，才会无意识地运用心理防卫机制将说谎习惯化。

那么，你自己是否就是这样一个习惯说谎的人呢？下面这个测试将告诉你答案，让你看看在自己的内心深处，是以什么样的态度来对待谎言的。

在一片浓雾弥漫的奇幻世界里，你无意中闯入了一片到处都是陷阱和可怕植物的恐怖森林。你忽然迎面撞上了一株可怕的食人草，它正在那里张着血盆大口等待着猎物的到来。如果要你判断，你认为这株食人草为了吃掉猎物，会利用什么技巧让猎物靠近自己呢？

A. 幻化成一朵漂亮的花朵

B. 模仿对方恋人的声音

C. 散发出能够使人瘾症的迷人香气

D. 利用周围的植物将猎物吸引过来

E. 在原地什么也不做，等待自投罗网的猎物

测试答案如下：

选择A的人：认为变成漂亮的花朵就可以将猎物吸引过来的你会为了让别人喜欢你而撒谎。你可能会将很多事情添油加醋地说出去，但罪大恶极的谎言一般是不会说的，你也只是想让别人喜欢自己罢了。

但谎言是越滚越大的，如果你说的谎话越来越离谱的话，在众人面前就会很容易丢脸。所以，你也不会轻易说谎，你还不是个习惯说谎的人。

选择B的人：认为猎物会被巧妙的模仿技巧引诱过来的你，是一个撒谎高手，而且是一个用认真的态度在说谎的高手。为了你的谎言，你会下一番功夫，而且你也认为自己为了这个谎言这样做是值得的。所以，别人很容易会因为你撒的谎言而受伤，因为你自己本身就为了这个谎言付出了很多。一旦这个谎言被别人拆穿，那么不管这是不是善意的谎言，人们都会因为它而遭受严重的打击。一旦别人识破了你的谎言，你就不会再被大家多信任，大家总是担忧和警惕你会再一次出卖他们，而且这种感觉会越来越强烈。

所以，虽然你会在做足了准备的条件下说谎，但一般情况下却不会轻易说谎，因为你自己的谎言所带来的后果并不是你想承担的责任。

选择C的人：认为猎物会被一种特别的香气引诱过来的人，是属于不会利用谎言去伤人、可以称得上是诚实的人。

对说谎并不擅长的人，认为只要说谎别人就能够识破，因而并没有太大的兴

趣去说谎。不过偶尔你也会撒一些无关紧要的小谎，但总是过不了过久，就会被人识破，在别人识破你的谎言的时候，你总是会做出无辜的样子。所以大家会认为你是一个单纯的好人，并不会因为你的谎言而厌恶你，你也会因为大家的宽容而在多数的时候说真话。

选择D的人：喜欢在说谎的时候找替罪羔羊的人，会认为利用周围的植物能引诱猎物靠近。你有很多机会说谎，常常会为了某种理由对别人撒谎。你是一个不会轻易让别人找到破绽的说谎高手。

所以，你的谎言在大多数的情况下非常有说服力，而你也会经常使用"因为某某人说"或是"从某某人那里听来的"等语句来达到这样的效果，非常善于借助别人来对自己的谎言进行完善。

而且你总是会在谎言被拆穿的时候，把责任推到别人身上，让别人做替罪羔羊。你也会为了让自己的谎言不会被人拆穿而经常说谎。

选择E的人：认为什么都不做，只在原地等待猎物自投罗网的人，是绝不撒谎的人。你是个忠厚老实的人，欺骗别人是你最痛恨的行为，当然了，别人欺骗你也是你非常痛恨的事，你拥有非常强烈的正义感。如果遇到欺骗这种事情，正义感强烈的你一定会大发雷霆的。对于你来说，世间最美好的东西就是真诚，它是不能被破坏的。也正因为如此，你会毫不隐瞒地将一件并不是对方想要听的事实全盘说出来，而结果通常让人受到很深的伤害。其实，在必要时，你也要机灵地学会如何撒谎。毕竟，有的时候，比起说实话，一句善意的谎言更让人容易接受。

你是一个容易受到欺骗的人吗？也许说谎骗人并不是你喜欢做的事，可是，你并不能保证你不会受到别人的欺骗。你是否能够在面对真实与谎言的时候，很理智地区分什么是真实什么是谎言呢？你是不是一个丝毫抵御谎言的能力也没有的人呢？

身体是永远不会说谎的。在学生时代，可能很多人都有过这样的经历：上课的时候，老师在课堂上妙语连珠，激情飞扬，在座位上的自己却心不在焉，心思不知道神游到哪儿去了。这个时候，老师突然叫了自己的名字，并让自己谈谈刚才老师讲课的内容。结果当然是自己站在那里满脸通红，哑口无言。一直到你尴尬的坐下来之后，心里还会非常纳闷的想不明白：为什么老师会知道我在开小差，我明明装作认真听讲的样子啊？

其实原因很简单，因为你的身体一动也不动，而且眼神空洞，从你这样的身体语言中，老师已经看出了你完全没有在听讲。

美国的神经学者阿兰·赫希和精神病学者查尔斯·沃尔夫，对美国前总统比尔·克林顿就性丑闻事件向陪审团陈述的证词进行了深入的研究。他们发现，克林顿很少在说真话的时候触摸自己的鼻子。但是，只要克林顿一撒谎，他的眉头就会在谎言出口之前不经意地微微一皱，而且每四分钟就会不由自主地触摸一次自己的鼻子。

从上述例子可以看出，人们的真实感情最容易从眼睛中流露出来。通常情况下，频繁地眨眼睛、漫无目的地四处张望、眼睛贼溜溜的转动等都是人们在说谎时的典型征兆。而典型的欺骗征兆，就是避免眼神接触或很少直视对方。一个人总是会想尽办法在撒谎的时候避免眼神的接触。他潜意识里认为你会从他的眼睛里将他的心思看穿，所以他会因为撒谎的心虚情绪而不愿面对你，并且眼神闪烁、飘忽不定，或老是往下看。相反，当我们说的是真话，或者因为被冤枉而愤愤不平时，我们会全神贯注、聚精会神地瞪着指控者，仿佛在说："不说清楚事情的真相，就休想一走了之。"

众所周知，尽量避免自己和别人进行眼神接触是说谎的人经常会做的事，那么，通过他们飘忽不定的眼神，如何才能捕捉到他们是在说谎的证据呢？当你面对面地接触一个不擅说谎的人时，你会很容易地判断出他是否说谎了。因为他在说谎的时候会由于心虚而眼神闪烁，或者眼睛经常往下看。一般来说，如果对方正在组织自己要说的话时，他的眼球会水平向左移动，而他马上就要开始说谎的时候，他的眼球会水平向右倾。

人们一向将眼睛称之为"心灵的窗口"。因为眼睛能传神，透过一个人的眼睛，人们通常可以看到他内心的秘密，所以鲁迅先生说："要极省俭地画出一个人的特点，最好是画他的眼睛。"

一个人的精神面貌能够用眼睛反映出来。内心纯真、聪颖、智慧的人，拥有明亮、纯洁、深邃的目光；而如果一个人的眼神是黯淡、浑浊、浅薄的，就说明这个人是一个内心空虚、狡诈、狂妄的人。有人曾作过一番统计，大文豪托尔斯泰在作品中为了揭示人物的内心世界，描写过85种不同的眼神。

近年来，有许多科学家认为，眼睛并不是真正的"心灵之窗"，真正的心灵之窗是眼睛中的瞳孔。

眼球中间的圆形小孔就是瞳孔，它是光线进入眼睛的窗户，能控制眼睛的进光量。通常，2.44～5.82毫米是瞳孔直径的变动范围。一般人的瞳孔直接变动范围平均为4.14毫米。小于2毫米的称为瞳孔缩小，至于大于6毫米的，则叫做瞳孔扩大。1.5毫米和8毫米分别是缩小和扩大的极限。10～19岁青年的瞳孔最大，瞳孔最小的是中年人，比青年小7%～14%；老年人次之，比青年小1%～4%。一般情况下，女子的瞳孔要比男子的瞳孔稍微大一些。当人们在白天处于活跃、情绪紧张和恐惧状态时，瞳孔就会扩大；而当人们在睡觉、安静或感到疲劳时，瞳孔就会缩小。

通常人们的瞳孔都是圆形的，但有极个别人瞳孔是方形的，并不是圆的。传说，我国汉代许昌人李根有道术，他的双眼就具有方形的瞳孔。也有人一侧有多个瞳孔，被称为多瞳，在我国古时候这种多瞳被叫做"重瞳子"。据《史记》记载，拥有"重瞳子"的有虞舜和项羽。如果确有其事，那么就可能是因为先天发育异常造成的结果。

美国心理学家赫斯偶然发现，一个人的情感变化可以从瞳孔的变化反映出来。

1960年的一天晚上，躺在床上的赫斯正在翻阅着一本精美的动物画册。当时卧室里的光线还很明亮，赫斯的妻子突然发现，丈夫的瞳孔突然之间大得出奇。为什么会这样呢？赫斯百思不得其解。在他就要睡下的时候，他忽然想起：也许人的情绪反应与瞳孔大小有着密切的联系。

次日早晨，一张漂亮女子的画像和一些美丽的风景画被赫斯带到了实验室里。他让一位助手看这些画，而他自己则对助手的瞳孔进行仔细地察看。当助手在看画的时候，他的瞳孔明显扩大了，赫斯发现原来助手正在看的是那张美貌女子像。看来，瞳孔与情感之间的确有关。

赫斯紧接着又做了一系列实验。他让参加实验的人观看放映在屏幕上的一组图画，并将他们的瞳孔状况用摄影机录下来。结果表明，母亲们在看到屏幕上出现的她们感兴趣的活泼可爱的婴儿时，瞳孔明显地扩大了；而当屏幕上出现凶恶的鲨鱼时，普遍感到厌恶的人们的瞳孔一下子都缩小了。最后在看到屏幕上放映的战场上阵亡的血肉之躯和集中营里成堆的尸体时，实验者们的瞳孔先是大为扩张，接着马上又缩小了，这是由于一种震骇的情绪而产生的现象。

赫斯由此得出结论：人们的瞳孔会在观看令人高兴或感兴趣的东西时放大；而当人们看到让人害怕或讨厌的东西时，他们的瞳孔就会缩小。瞳孔扩大，是因为引起了人们的兴趣和欢愉之情。男女恋人经常在幽暗的地方约会，双方的瞳孔会在这时扩大，更具魅力。"月上树梢头，人约黄昏后"。女子在幽会的时候常显得格外俏丽，多变的瞳孔恐怕也有一份功劳。

现已发现，我们要想对人的一些心理活动有所了解，可以通过对瞳孔的大小变化的观察。有10个已经禁食四五个小时的人，另外还有10个一个小时前曾经吃过食物的人。现在分别将美味的佳肴摆在他们的面前。试验的结果是：前者瞳孔扩大了11.2%，而后者的瞳孔仅仅扩大了4.4%。由此就可以看出他们对食物需求程度的差异了。

瞳孔是绝对不会说谎的。如今在揭示人们思维活动的方面，瞳孔成为了一条可靠途径。让一个青年学生心算不同的算术题，他的瞳孔会在问题提出的时候就开始扩大，他的瞳孔会在找到答案的时候扩大到最大程度，然后就会迅速缩小，直到将答案说出来之后瞳孔才恢复原状。一个心里比较平静的人在讲实话的时候，他的瞳孔会处于正常状态；而当他在编造谎言的时候，由于心里慌张，其瞳孔就会放大。

所以在对孩子有没有撒谎进行判断时，有些父母就常常说："看着我的眼睛。"然后根据孩子瞳孔的变化来判断他究竟是否撒谎。魔术师和珠宝商就经常利用瞳孔的这种变化。不知道你是否有注意到，有些玩"猜牌"戏法的魔术师，总是在他出示纸牌的时候盯着对方的眼睛，经过仔细琢磨后，他就能够知道对方想要的纸牌到底是哪一张了。这种本领也被一些珠宝商所利用，在顾客挑选货物时，为了判断出这位顾客是否已经对某件珠宝产生了兴趣而一直望着顾客的眼睛。其实，他们是在对对方眼睛中的瞳孔进行观察。因为当心中想要的纸牌或喜欢的珠宝出现在你的眼前时，你难免会产生激动的情绪，于是你的瞳孔也就随之放大，你的内心活动也因此而被"和盘托出"了。

中国有一句"看眼色行事"的俗语。在人际交往中，要想了解对方的真实思想和态度，十分有必要对对方瞳孔的变化进行仔细观察。但是，也会有一些难以观察的人的眼睛。已经去世的世界著名的谈判家阿里斯多德·亚纳西斯在与人谈判时，总是戴着那副"庄重"的墨镜，这么一来，他的瞳孔就不会将天机泄露出来，而对方也就不会从他的瞳孔中看出他内心的真实思想情绪了。

专为美国联邦调查局审问疑犯的最新研究表明，人们在社会交往中，说谎或被谎言欺骗的次数多的让人十分震惊。甚至，美国麻省大学的一位心理学家费尔德曼研究称，平均每天每个人最少要说25次的谎。当然，谎言有不同层次之分，有些则是善意的谎言，对此我们大可不必理会，但若是为了欺骗和伤害而说谎话，我们要怎么判断？

说谎者在说谎的时候从来不会直视你的眼睛。这句话是他们都知道的忠告，所以高明的说谎者的瞳孔膨胀，会加倍专注地盯着你的眼睛。每个人都记得妈妈在自己小的时候是这样批评自己的，"你肯定又撒谎了，你都不敢看我的眼睛。"这教会你从很小起就知道说谎者不敢在说谎话的时候看对方的眼睛，所以为了避免被别人发觉自己在撒谎，人们学会了反其道而行之。实际上，欺骗者看你的时候，太过集中注意力了，他们的眼球会因此而开始变得干燥起来，于是导致他们不停地眨眼，这个致命的动作将信息了泄露出去。

直接盯着某人眼睛的转动是另外一个准确的测试，人的大脑在工作的时候他们的眼球就会不停地转动。大部分人，当大脑正在"建筑"一个声音或图像时，换句话说，如果他们在撒谎，他们眼球就会向右上方转动。如果人们在试图将真实发生过的事情回忆起来的话，他们的眼球就会向左上方看。这种"眼动"是一种反射动作，是没有办法假装的，除非受到过严格的训练。

我们可以通过观察一个人的瞳孔变化来判断这个人是否在撒谎。当一个人要撒谎时，心中会不由自主地产生情绪波动。交感神经会被这种情绪所带动，使人产生瞳孔放大、心跳加快、血液上升的身体上的反应。当一个人面对自己的心上人时，他的瞳孔也会放大。

这种眼球转动的轨迹在心理学上被分为六个位置：右上、左上、右中、左中、右下、左下。科学家们通过实验证明，眼睛的右边代表将来，代表过去的则是左边，上边代表视觉，代表感觉或者理性思维的是下边，至于中间，则代表着听觉。在回忆一件事情的情况下，说话者眼睛会在进行视觉回忆的时候转向左上方，进行听觉回忆时则转向左中方，转向左下方时是在进行理性思考。而当一个人在撒谎的时候，说谎者的眼睛会在思考未来的时候转向右上方，转向左中方是在想象一个声音，而转向左下方的时候则是在体会身体上的感觉。如果向说话者询问的事情是一些必须依靠回忆才能想起来的情节，而对方对答如流的话，那么他所回答的事情很有可能是他早就编好的应对谎言的话。如果他是真的在回忆事实的话，他的眼睛就会先向上再向左转动；如果他的眼睛是先向上再向右转动的，那就表示他是在编造谎言。

通过眼球转动来判断是否说谎这个理论并没有得到任何科学研究成果的证明。研究表明：是否说谎与我们眼球是向左转还是向右转并没有关联，更多的情况下它只表示我们在说话前是否认真思考过自己应该说什么而已。

心灵的窗户就是我们的眼睛，无论一个人是否撒谎，总是会有身体语言上的破绽，而眼睛总是最诚实的，也是假装不来的。曾经一度非常流行凭借眼球的转动方向判断谎言，这个方法被许多培训机构甚至包括警察的培训手册中视为主要的测谎手段之一。

坚定眼神，无穷力量

当你睁开朦胧的睡眼时，太阳会将第一个眼神传递给你，使你感到无比的温暖。走上人生的舞台，万众瞩目，钻进爱的摇篮，泻出温柔。如果说眼睛是心灵的窗口，那么眼神就是耀眼的光辉。人们可以通过眼神传达出他们的感情，也可以通过眼神将喜怒哀乐表现出来。比如说，如果一个人用轻蔑的眼神看着你，鄙视你，那就说明这个人看不起你；如果一个人对你十分的崇拜，那么他看着你的目光就会充满敬佩。如果一个人想要获得你的帮助，但是由于情况特殊不能当众求助于你，他会向你打手势……"眼睛是心灵的窗户"这句话，的确是至理名言。

眼神就像万花园一样，拥有千姿百态。眼神过后的升华就是扑鼻而来的清香。眼神是钢琴曲，不同的眼神具有不同的风采，韵味也各不相同。关心，集中，坚定在我看来是纯洁的花瓣，卷发的花蕊则是鼓励。你是否着迷于鼓励的眼神呢？

不论是父母与子女之间，还是老师与同学之间，都需要鼓励来焊接，也都需要用眼神来相拥。我们的腿脚总是在迈出人生的第一步时，因为站不稳而急得嚎啕大哭，这时母亲却总是满脸笑容地伸出双手，将自己的孩子扶起来，轻轻地将孩子身上的灰尘拍掉，笑着说："乖，有妈妈在，不要怕，再试试！"望着母亲鼓励而又慈爱的眼神，我们的心中顿时就充满了勇气。

在课堂上第一次回答问题时，我们总是不知从何说起，紧张的面红耳赤。但当我们抬起头望向老师时，老师看向自己的眼神却是那样温和，仿佛让我们得到了希望和力量。于是我们的学习征程便从那一刻开始了。

当我们第一次站在主席台上进行演讲的时候，我们也会两腿发软，头皮发麻。这时，台下响起一片热烈的掌声，大家看着我们的眼神都充满了鼓励，我们的心中会因为这些鼓励的眼神而涌起无穷的力量和自信。

在古代的沙场中，只要两人眼神接触，便可以相互会意，一念生死。现在的赛场，队友间能够取得默契，从而赢得胜利，靠的就是眼神交流。让我们用心去感知眼神的鼓励，用爱的眼神去对别人表示关怀。我们的生命会因为一个温暖的眼神而充满感动和精彩。

有的人甚至从来没有注意到过看似微不足道的鼓励的眼神，但只要用心，就会从这些眼神中，感悟生活，获得成功。坚定的目光，比日光还要深邃，比火光更灼热，比星光更璀璨。坚定的目光诠释了不渝的壮志，需要不断地砺炼。平凡的心灵因为坚定，百川终归大海；因为坚定，磐石终被水穿；因为坚定，鲤鱼终跃龙门。司马迁对真理的坚守从史记的字里行间中就可以折射出来；《兰亭序》的水洇墨迹中折射出的是王羲之对梦想的坚持。可以说，一个人的人格魅力就是这种坚定的目光。

诸葛亮出山之后，逐鹿中原，东和北拒，为什么一个山野莽夫能够如此的羽扇纶巾，指点江山呢？他为什么能够纵观天象，火烧赤壁，三气周瑜，六出祁山，一生以光复汉室为己任，鞠躬尽瘁，死而后已？是什么让他即使在深居草屋寂寞的时光里，也不曾搁浅鱼跃龙门的斗志？是什么让他在东吴群儒的讥笑声中，依然不曾放弃鹰击长空的壮志？在践行理想的路上，饱受质疑的他为什么能够始终目光坚定，步伐坚毅？他能够在理想的路上始终如一，渐行渐远，都是因为他拥有坚定的目光。

诸葛亮用自己的坚定将质疑打破，从而实现了他的抱负；而林肯在面对这个更为苛刻的世界时，更加需要坚定的态度。

林肯是在一个贫困的农民家庭中出生的，社会的冷暖在他九岁的时候就已经看到了，从漂泊的生活中，他下定决心"一定要将这个充满欺压和不平等的社会改变"。然而现实却处处与他为敌，经商破产，一次又一次地竞选州议员失败，他的未婚妻也在不久去世了，残忍的现实让他的眼前一片迷茫，对他来说，他所幻想的法律是那么的遥不可及。他病倒了，但他的意志并没有倒下，经过六个月的蛰伏，再一次站起来的林肯将困难踩到脚下，终于在他52岁那年奇迹般地当上了总统。他坚定的望着远方，黑人在前面向他招手，而白人则在他的身旁拥抱着他，这个不屈的灵魂受到了人们深深的景仰。

因为坚定，辍学创业的比尔盖茨成为了亿万富翁，为了寻求本真，陶渊明在田园中归隐，陈俊贵为一句嘱托而守护一生。当今社会，这种坚定的目光已经非常缺少了，在他们的眼神里，多了一份对父母的依赖，却少了一份对梦想的追求；多了一条物欲的横流，心灵的净土却少了一片；多了一份浮躁，却少了那份执着。

直射心底的坚定目光，具有能够洞察一切的力量。

眼神如春风般，让人的心灵得到温暖。眼神可以传递出喜怒哀乐等表情，也是可以不用脸部表情浮现的另一种方式。

在汶川大地震中，一位军人在抢救一位小女孩，这个小女孩的双腿都被大石块压断了，要想获救必须截肢。但当时麻醉药已经全部用完了，可是头脑必须要在截肢的时候保持清醒。

在开始截肢时，那位军人不时地用鼓励的眼神看着这位女孩，那双会说话的眼睛好像在说："你要坚强，你一定会没事的，加油！"小女孩在这次截肢的手术中一直咬紧牙关，没有喊过一声疼。结束后，那个默默地用眼神为小女孩加油的军人得到了小女孩的微微一笑。

眼神的力量是伟大的，也是神奇的。今后可能还会有更需要它的地方，所以我们一定要好好的运用它。

其实眼睛还是在我们与人进行沟通交流的时候，传达心灵语言的工具。我们还能通过眼神看出一个人的心理活动和思想动态。我们也可以借着眼神将感情传递出去。我们要善于在与人交谈的时候，同别人进行眼神交流。这不仅是一种礼貌，而且还能帮助我们维持这种关系。

正是因为这样，当我们在和别人说话的时候，眼神的交流也是要注意的。我们要敢于也要善于在与别人交谈时，和别人进行目光接触。那么我们可以了解一下眼神的礼仪。

不要长时间的凝视那些和你不熟的朋友或者是陌生的人，这种行为是一种无礼的表现，在全世界范围内，这也是通行的基本礼仪。在我们与陌生人交谈的时候，通常应该将眼神定在对方的眼睛到嘴巴的区域，也就是三角区，但是注视三角区的时间也不能过长。在我们与人交谈的时候，用你的眼神注视着对方的时间最好是整个交谈的时间的百分之六十。而你的交谈对象是你的亲人时，你可以注视着他的上身，这种行为被称作亲密注视。

我们也常说"只可意会，不可言传"这句话，在谈话的技巧方面，眼神的作用得到了这句话的恰好的证明。有时候我们是不能在某些场合表达我们的语言的，这时候要想表达出我们的心意，我们就要使用恰到好处的眼神交流，或者是当你的言语无法达到一定的境界时,再加上我们的眼神,动之以情,借助眼神的交流就可以达到心灵之间的沟通,如果我们只用语言的话来拒绝别人会让别人受到伤害,使对方感到尴尬,那么这时候你的眼神就可以将语言取而代之,你的拒绝会因为眼神的交流而达到理想的效果。

眼睛是心灵的窗户,我们可以通过一个人的眼神看穿人的内心,也可以通过眼神判断出一个人的性格。透过一个人的眼神,就能够清清楚楚地看出他的心是正是邪。比如一个人心胸坦荡,为人正直的人,会拥有清澈,坚定的眼神。而心胸狭窄,做人虚伪的人,他的眼神会比较迷离和狡诈。目光执着的人必然是拥有志向远大的人,如果一个人的眼神比较浮动,就说明这个人为人轻浮。

很久以前就有人在使用通过眼神看人的方法了,在这方面,清代的曾国藩就是一个高手。

有一次,李鸿章推荐了三个人给了曾国藩,正好曾国藩到园子里散步去了。李鸿章就让这三个人在厅外面等着,曾国藩散步回来,李鸿章就将此次的来意说给了曾国藩,并且让曾国藩对这三个人进行一番考察。谁知,曾国藩却说:"不必考察了,面对着厅门,站在左边的人,是位忠厚老实的人,小心谨慎的做事风格能够让人放心,可以将后勤之类的工作派给他。至于中间的那个人为人并不正直,他两面三刀,阳奉阴违,不能让人信任他,所以不可以让他担当大事,只将一些无足轻重的差事安排给他就行了。而右边的那位则是一位可以重用的将才。"

李鸿章十分吃惊,向曾国藩询问原因,他才进来为何能够那么快就得出结论了。曾国藩笑着说:"我刚才散步回来,看见这三个人站在这里,当我从他们的身边走过的时候,左边的那个因为老实谨慎而低着头不敢仰视,所以我说他适合做的工作是一些后勤方面的工作。中间的那个人,表面上虽然看起来恭恭敬敬,但他却在我走过去之后就开始左顾右盼，可见他是个奸诈的人，阳奉阴违，这种人是不可以重用的。最后的那位，我之所以说他是可塑之才，是因为他的双眼正视着前方，一直保持着挺拔的站姿，不卑不亢，是一个栋梁之材，我们可以重用他。"而曾国藩一眼就看出的那个栋梁之材，就是后来担任台湾巡抚的淮军勇将刘铭传。

在人的五官之中，最敏锐也最不能欺骗人的就是眼睛，你的心理活动从一个闪烁的眼神中就可以体现出来。而你眼神中点点滴滴的信号，会被那些会读心术的人抓住。眼神是最显著也是最难以掩饰一个人的心理活动表现的，你的思维可以将你的所有语言的动作掩饰，可是如果想要掩饰你的眼神就没有那么容易了。一个人是很难做到眼神的伪装的。

面试的时候，在两个出色的候选人中间，一个知名企业的面试官做出了最后的选择，那个看起来很平凡的女孩被他毫不犹豫地留了下来，而旁边的那个漂亮的女孩对这一切简直不敢相信，她很不服气地问面试官做出这样的选择的原因是什么。面试官看着她笑着回答："小姐，首先我要对你说的是，你的确很漂亮，而且还很聪明机智，拥有很高的学历，可是对我们公司需要的人才来说，这些都并不重要。我只能说我并不满意你的表现，在你面试的时候，你的话并不多，可是当你在陈述工作经历的时候，虽然有一些肢体语言，但是他并没有给你加分。你没有和我们在座的任何一个人进行过眼神交流，所以我们也无法从你的眼神中判断你的心意是否诚恳。而你身边的那个女孩，除了学历和能力差不多之外，她在与我们握手的时候还进行了眼神的交流，从她的眼神中，我可以看出她的诚恳，她的眼神告诉我，她非常诚恳地想加入我们这个大家庭，想在这个岗位做出一番成绩，所以我们选择相信她。"

眼睛是心灵的窗户，我们可以通过这扇窗户来对外面的世界有所了解，也可以通过这扇窗户了解你不了解的人或其他东西。眼睛也是与外界交流的媒介，别人可以通过你的眼神知道你的需求和你真实的想法。有时候就是你的眼神出卖了你的谎言，你所说的话因为你不坚定的眼神而变得不真实，从而将你内心真实的想法透露了出来，这就是眼神的奇妙之处。

隐藏在表情中的心理学

4

现在的社会中，不管你是什么职业，或是身在何处，与人的交流通常都是带有表情的。要知道的是，表情传达的那种信息也是非常强烈的，遇到什么事情就会相应的出现什么样的表情。如果你能够给人以积极的表情，那么人们就想要与你亲近。让表情成为你的武器，在生活中体验真正的快乐。

[待人接物，勿轻易表露真实情绪]

在我们的生活中，千万要记住一点就是在待人接物的时候，一定不要轻易地将自己的情绪表现出来。

不轻易的表露自己的真实情绪，它是我们在日常生活的待人接物方面很重要的修养。譬如：有人对你说了不中听的话，就立刻脸色大变；但是在听了他人的夸奖以后，表情马上就变得很高兴，这些就是不稳重的表现。那样的举动会令对方觉得你是一个容易被左右的人，而那些心怀不轨的人们会想要利用这一点来控制你。

假如你总是习惯让他人看到你的情绪，不要说那是天生的性格使然，应该要下定决心，使自己变为一个稳重的人。

人们经常说一个老板的承受能力有多大，那么他就能成就多大的事业。因为老板就是企业负责人，企业负责人就是对企业负责任的人，因此就算是企业遇到好事或者是挫折，老板都应该把握好自己的情绪使它不外露。

那么老板到底为什么不能把情绪表现在脸上呢？因为领导者需要领导信心和责任，员工之所以跟着老板工作，就是员工不具有承担企业的责任和能力。假如他们能做的自己都做了，那么就不需要老板了。因此想要成为一个智慧的老板就必须学着，不要把你的问题，企业的问题不要往下传，同时更要注意的一点就是不可以对员工发火。否则，不但下属解决不了你的问题，而且问题会更严重。因为老板都没有信心做好，也承担不了这些责任，那么员工就会认为跟着你没有前途。所以做老板一定要学会修炼自我，真正做到赢得起，也输得起。赚点小钱别兴奋，赔点小钱也别紧张。使员工们能够在平静的环境下发挥更好的实力，别让他们跟着你一惊一乍，员工可没有那个心态准备和承受能力，而且每个员工都不会想要在一个总是提心吊胆的老板下工作，或是每天看老板脸色工作。

凡是做企业的老板总是会有压力的，不然，非常轻松就能创业，谁还打工呢？所以老板遇到问题不可怕，你要想办法找到能解决问题的对策，并不是把过错都推给员工，一直责怪他们。一个成功的老板是能够掌握逆向思维的，员工说不行的时候，你要给他们鼓劲、加油、打气，相信员工行，相信公司能度过难关，而且一定不要把自己积累好多的苦水全都流向员工。同时，在他们感觉一切都非常的顺利的时候，没有问题的时候，老板要有意识，让员工谦虚谨慎，别高兴过头，高兴太早，要时刻提醒他们，在以后还会发生很多不一定的因素，提高员工的免预能力，危机意识，这样一来企业就能够在逆境中奋起，在顺境中强大。

而且，老板一定不要让员工马上就能够看透你。老板需要学会与员工保持一定距离，因为距离产生美。家庭夫妻之间还有秘密，更不用说是在同事之间。员工该知道就让他们知道，不该知道的就最好别让他们知道。因为老板和员工在不同的位置上，所以他们需要的方面就不一样了，因此有时候老板在考虑问题的时候，没有必要跟员工说。当然，这并不是说老板不讲诚信，而是企业管理的一种有效方式。这就像是每当父母在遇到一些困难的时候不想让孩子知道一样，道理都相同。如果一个老板赚了点钱，老板就很高兴，就让所有的员工都知道。那么好的员工也许会恭喜你。而那些心胸狭隘的员工，就会往反的方向想，老板赚那么多钱，才分这么点给我，真是不公平呀！因此老板们就需要在赚钱时不得意忘形，亏钱时不悲观失望，才会是一个成功的老板。

一个正常的企业，通常都伴随着赚钱与吃亏两个条件的。今天赚了也许不注意明天就赔进去了，今天亏了也许明天想点办法就赚回来了。假如老板能够使自己的心态在一个稳定的状态下，正确对待企业的成功与失败，老板的心很稳定，员工跟着也就踏实了。因此，一个合格的企业管理者，都需要保持好自己的情绪。在每次发火的时候问问自己，我为什么要发火？发火是否能解决问题？既然不能，那我发火还有意义吗？我们这样着急的结果就为了发泄问题，还是解决问题呢？

需要知道的是，每个员工都是应该得到尊重的，它们每天的工作也很不易，也许你多一个微笑，多一句赞美，那么他们一天的工作都会非常开心。我们为什么要给别人带来烦恼呢？是谁规定一定是严肃的老板，会发火的老板，事业才会成功呢？今天的企业老板不是靠权力来压制人，而是靠魅力来感动人。因此在老板和员工之间存在一个定律，老板不是上帝，员工也不是奴隶，每个老板都不能总是对员工发火。一定要明白的是，优秀的员工并非是依靠大声的呵斥形成的，而是靠带出来的。什么样的将军就会有什么的士兵，什么的老板就会有什么的员工。每个员工都能够为你带来收益，那么我们就要善待他们。因此，做老板既不能把脸色给员工看，同时也不能让员工看出自己的喜怒哀乐，这是需要经过一定的修炼才能完成的。还是那句话：老板的心境有多宽，事业就有多大。

人各有志，所以每个人的个性都各不相同，能够做到不以物喜、不以己悲的人少之又少，在面对身边发生的各种起落事情时，能够懂得适时隐忍，不仅是一种能力，还需要一种修养与胸怀。

一般成功的人们都能够很好的将自己的情绪隐形于色，处事老练的人都有察言观色的本事，并且会根据他人表现出来的喜怒哀乐来判断一个人的性格，从而依据他的个性特点适当地调整与其相处的方式。在通常的情况下，成功的人不仅可以把自己的心情隐藏于身后，而且能够看着他人的喜怒哀乐，可以顺着他人的思路去说话、做事，最后为自己谋取利益。

在人们童年的时候，往往没有生活的压力，经济的负担，以及感情的纠葛，人们的任务就是把自己的书念好就可以了，因此童年可以称得上是"喜"了。

青年的时候，各种各样的烦恼接踵而来，人们就像是一只无头苍蝇一样找寻自己的职业道路。在感情方面，情窦初开可能爱的轰轰烈烈，但是也可能会因为失败而变得伤痕累累。有时会疑问人生到底为什么样子呢？在不断的失败、打击、挫折中怒斥自己的人生有那么多磨难。所以说在青年时期的人生应该是"怒"。

等到了中年时期，人们已经经历了岁月的蹉跎，几乎磨平了身上的所有个性，锋芒被时光冲洗而逝。等到这时候很多的人们就开始不再怀疑人生，对未来也没有什么幻想，同时也不会再追求梦想，认命般的接受老天对自己安排的一切生活。没有了怀疑、破灭了幻想、放弃了追求人生如同死水一般充满着灰色的哀愁。因此这时候的中年只剩下的就是"哀"了，很多的中年人到这时候身上的活力已经只留下一点点了！

在活到老年的时候，已经到了人生的最后一站，在世间轮回生活了一圈以后，经历世间百态以后，这时候在各种的经历磨难的锻炼下对人生也有了新的定义。这时候的他们真的很像是看穿了红尘的得道高僧一样清新寡欲享受安详、和睦的晚年。那么这时的老年就应该用"乐"来形容了。

因此总会有一天等待你把历史翻过，然后彻底解决所有的问题、烦恼、矛盾。可能是所有的人都是轮回的吧，也许正轮回的过着自己完美或是不完美的一生。老天是会非常公平的对待每一个人的，使所有的人们都在失望后获取，在满足时怅然若失。无论成功还是失败，富有还是贫穷，美丽还是丑陋，都会让人们在一个平衡的状态中学会忍耐和等待，从而懂得由不同的角度来看人或做事，学会在坎坷、曲折中获取经验，接受老天的考验，把希望带给人们，希望人们把期待寄予轮回，使人们相信自己最终会是圆满的，只是在经受暂时的困难磨砺而已！所以不要把你的心情都显露在你的脸上，今生或许是顺利成功的，也只是没到经受坎坷的那一刻而已，也许在下一个轮回中你就会遭到那些以前没有经受的一切的，没有哪个人生来都是成功的，同样也没有哪个人生来就是失败的！可能你的每一个生日都是一个小小的轮回，而在每一个小小轮回中都留下了或多或少的遗憾和无奈，也总有些人和事时时的揪着我们的心，让我们放不下，也无法超脱。

对于人生中的每一个小小的轮回都不要再耿耿于怀，也不要再抱怨！并且我们也不要为此不堪重负，在经历一次又一次的失败后，我们就开始沉沦，萎靡不振。我们为什么要把自己那么快的置入无法回头的境地呢？何必一味的抱怨人生的种种不如意呢？凡事都会过去的，不要为了人生中小小的失败就丧失了信心！

《中庸》的思想是非常深奥的，可以说很多的人对中庸的了解都是杯水车薪的，只是简单的认为"中庸"即是现在生活中的默默无闻，趋于平庸的一种处世哲学，更认为它是能够与"低调"在某种程度上相提并论的。事实上并非如此，"中庸"在《中庸》中的定义是这样解释的："喜怒哀乐之未发，谓之中，发而皆中节，谓之和；中也者，天下之大本也，和也者天下之达道也，致中和，天地位焉，万物育焉"。所以可以说中庸就是"中和"，总而言之就是没有表现出喜怒哀乐时是"中",表现出来后经整理符合常理的就属于是"和"。对它进行深入细致的了解后,我们便可用当下很时髦的一个词来概括——伪装,喜怒不形于色,不表于外。就是人们经常所说的不要用别人的错误来惩罚自己,发怒时克制住,用笑颜来解决问题。只有这样做的话我们的身边就会和谐太平,无吵无闹。不过这里所说的掩饰并不是要你一味的"低调",仅仅算是一种和谐处理人际关系的招数,而不是一些人误导崇尚的"中庸"就必然低调,在一些条件中来说"中庸"是"低调做人"。对于一些刚刚踏入社会没多久的人们,他们都深谙崇尚"中庸"之道的重要性,明白在外面生活必定不是像在家里一样,在外面你的喜怒哀乐别人并不在乎,同时也不会关心你。但是如果你因自己的愤怒而迁怒别人的话,那么你将会很快就能够体味到别人的疏远甚至是仇恨。在当今这个复杂的社会中,如果你不去招惹别人,但不能够保证别人不会来欺负你的,假如这时候你还不知道掩饰因个人情绪影响别人,甚至于迁怒别人,到处都树立敌人的话。长久以往你便会感觉举步维艰,不仅升职没你的份,而且奖励也没有戏,以至于更甚者连工作也没有份。所以他们就明白了出门在外肯定比不上家里的道理,别人没有那个义务包容你的一举一动,因此你的喜怒哀乐,要合理的运用做到适可而止,警记时刻以"中庸"的道理来规范自己的言行举止、喜怒哀乐,学会能够伪装自己的情绪,因为只要这样你才能够在面对人际交往时如鱼得水、步步高升。

遇事不把喜怒呈现在眼前,就是一个成熟的人人生阅历和性格体现。不是自己一时可以控制的,人往往很难做到这一点。因为经历的事情不多,是很难看透现实的。这其实是做人的一种境界,城府深的人你很难在他的脸上看出一点破绽来,成功人士或者是社会经历比较丰富的人都是这样。想要使自己同样做到这一点,那么就需要使自己赶快的成熟起来,遇事做到:先听,再看,后想不要急于表态，凡事做到全方位考虑，要坚强，要学会忍耐，要磨练自己的性格，在决定事情的时候不要把自己的后路封死了，这样慢慢的你就会发现自己变得成熟了许多，也不会把自己的情绪呈现在脸上让人一下子就看破了，遇事少说话，少表态，忍字当头，遇人遇事先忍三分别冲动，使自己的心得到一定的平静后，在用理智的思维去思考和看待周围的一切，如此一来保持清醒理智头脑的你就能够很好的不把心情写到脸上了。

表情语言，意义非凡

在高速发展的这个社会里，人与人之间的交流和沟通，不单单是依靠着语言和文字这种单一的沟通方式来进行，更多的还要是依靠着大量非语言文字的形式来进行信息文化之间的交流、沟通、传播。非语言沟通主要是对比语言沟通来说的，它指通过身体动作、体态、语气语调、空间距离等方式交流信息、进行沟通的过程。当我们在交流的时候，往往是通过语言的方式来表现信息内容的，而非语言部分则作为提供解释内容的框架，来表达信息的相关部分。所以在通常情况下人们把非语言沟通错误地认为是辅助性或支持性角色。

非语言沟通通常有着很多的方式，一般表现在以下几个方面。

1. 副语言

副语言主要表现的是说话的语音、语调、语气等，像是语音低沉、稳健或激昂、高亢等，语调的高低，语气的轻重，节奏的快慢等，它们伴随着语言表达信息的真正含义，所以说副语言和语言之间存在着很大的关系。研究发现，副语言尤其能表现出一个人的情绪状况和态度，是人们之间能够很好的交流和对信息的认识的表示。

2. 表情

表情是通过人类的不断发展进化而形成的一种辅助交流手段。表情不仅能够传递个人的情绪状态，同时也能充分的体现了一个人的喜、怒、哀、乐等内心活动。

3. 目光

目光是非语言沟通的一个很好的表现形式，"眉目传情"就能够充分的说明了这一点。事实上，在人际交流沟通中，很多沟通对象的情况，都是通过眼睛去收集和接收的。目光，作为一种非语言信号，人们总是使用目光来向对方传递肯定、否定的态度，质疑或认同等情感信息。在我们的生活中和他人进行交流的时候，要善于使用目光，好比使用目光来表示赞赏或强化别人的语言或行为，用目光来表示困惑等。

4. 体姿

所谓体姿，主要体现在人与人之间的交流沟通过程中所表现出来的身体姿势。比如前倾、后仰、托腮沉思等状态或姿势。研究表明，就算是"久经沙场"的人们，他们对待他人的态度都很难在体姿上给予掩盖或隐藏。尽管也不能说体资完全可以表现一个人的情绪，但它能反映一个人的紧张或放松程度。所以，如果我们能够很好的识别并判断不同体姿透露出来的不同信息，那么我们在对他人进行交流的时候就有了很大的帮助。

5. 服饰与发型

个人仪表，特别是一个人的服饰和发型是其沟通风格的延伸与个性的展示。通过研究就发现，服饰是非常的重要的，甚至成了销售人员通向成功之路的决定性因素之一。人们普遍认为，着装正式可以表现出职业端正的体现，同样也是对他人的尊重。

6. 肢体语言

对人体行为的深入研究发现，在人和人交流的时候，人们一般会通过三种肢体语言来传递非语言信息，这些信息体现了人们对了解的这些情况是持反对、犹豫还是接受的态度。这三种肢体语言就是面部表情、身体角度和动作姿势。认识这些肢体语言后，对于对方心理，审时度势作出决策是非常关键的。

非语言沟通不仅方式多种多样，它所体现的内容也很有意思。在特定的场合，非语言沟通可起到特殊的作用。

1. 表情答意作用

在我们的人生中，人们经常使用的非言语工具是目光语和手势语，目光语和手势语等非语言在很多的时候拥有着语言所不能够表现的情感。

人们常常说眼睛是心灵的窗户，因为它可以明显、自然、准确地展示自身的心理活动。眼神是传递信息十分有效的途径和方式，而不一样的眼神所起到的作用也不一样。在人际沟通中，目光语是能够体现很多含义的语言，根据情境不同，即可表示情意绵绵，暗送秋波；也可以表示横眉冷对，寒气逼人等。目光语的作用主要表现在这些方面：提供信息，调节互动，启发引导，告诫批评，表达关系。像是护士在照顾病人期间，对手术后病人投以询问的目光，对一些老人或是小孩表示关爱的目光，对进行肢体功能锻炼的病人投以鼓励的目光，而对神志清醒的不合作的病人投以责备、批评的目光。这时尽管并没有用语言来说明，不过这样就可以让病人感到愉快，得到鼓励，或产生内疚。同样，如果病人对护士一个赞许的目光，可使护理人员消除身体疲劳，觉得自己的工作有意义。

手势属于有声语言的延伸，在非语言中起着非常重要的作用，富有极强的表情达意的功能，它所具有的信息也非常的丰富。如病人刚入院时，护士手掌心朝上，引导病人到床边，表示礼貌；当病人康复以后，挥动单手表示辞别、再见；儿童接受注射治疗后，竖大拇指表示好样的、棒极了；术后病人示意下床活动时，OK手势给予支持和允许；如病情不允许离床活动，则摆手表示不同意；而在学生出现错误以后可以勇敢承认并改正，老师拍拍学生的肩予以肯定；或者学生在回答出自己提出的问题后能竖起大拇指，这样的效果有时候要比用说的要强很多。但手势语可因民族、国家、地区的不同所表达的含义不同。所以，在对待外宾的时候要特别注意。

2. 表达友善与鼓励

温暖的表情是传达友好的最重要的途径，但是一副生硬的面孔就只能向他人传递着冷漠和疏远的关系信号。在现实生活中，微笑是最基本的礼貌方式，是心理健康的一个标志。微笑属于一种知心会意、表示友好的笑，特别是在社交场合中最有吸引力、最有价值的面部表情，可以让别人喜悦，自己也能高兴。心理学家以前就做过实验表明了这种现象：找100人作为受试者，让他们根据陌生人的照片进行判断，然后让他们说出自己有好印象的人，哪些人的品德和能力更强。结果90%的受试者指出面带微笑的人的能力、品行最好，而能够带给他人很好的感觉。从这里看出来了，微笑可以塑造自己的美好形象。在面试中，应聘者应把微笑贯穿于面试的全过程，以真诚的微笑向面试官传递出友善、关注、尊重、理解等信息，让面试官可以对你有很好的印象，这样我们面试成功的几率就会增大。面试官们表示说，适时的微笑也有助于营造和谐融洽的交流氛围，微笑的人们可以给初次面试的应聘者莫大地鼓励，这样更能够获得成功。

面部表情是全世界进行交流的通用语言，不同国家或不同文化对面部表情的解释具有高度的一致性（如日本人在任何时候对客人总是笑脸相迎和相送，就算是家中的人不在世了，但是中国人不是这样认为的）。通常来说人们的各种情感都可非常灵敏地通过面部表情反映出来，面部表情的变化是非常的快速、敏捷和细致的，很能够真实、准确地反映感情，传递信息。

3. 逼真的替代

在非语言沟通中有一种有声沟通是我们交流经常用到的方式，它是通过发音器官或身体的某部分所发出的非语言性声音而进行的沟通方式，它着重体现在人们说话时的声调高低、强弱和抑扬顿挫的掌握上或说话的停顿和沉默，会生成非常好的作用的。在噪声较大的工地或停车场，一般很难听到对方在讲什么，这时候就能够使用手势来指挥吊车的工作、停车的位置和距离；在实弹射击场要求要有紧张、严肃的氛围，这时候在老师教学生的时候，除在射击前和射击结束时下达正常的口令外，在射击过程中不针对单个或部分学生下达口令，仅仅是一些简单的提示，这样就可以不惊吓到别的学生而发生意外事故。

在一定的场景下，我们常常就会发现，就算是别人没有说过什么话，但我们从对方的表情上就可以知道他所表达的意思。当一个人不能听或者说时，非语言符号常常代替语言来表达意思。这种替代是有条件的，就是必须在拥有一样的文化氛围或者是普遍被人们认同的规则下才能应用，不然的话就会产生误会。

4. 相互了解，增进感情

在交流的时候，倾听和讲话一样很重要。因为专注地倾听别人讲话，则表示倾听者对讲话人的看法很重视，能使对方对你产生信赖和好感，这样对方的心情就会非常的愉悦。在很多的情景中，听一番思想活跃、观点新颖、信息量大、情感波动较大的谈话，倾听者有的时候会比一个说话的人还要劳累，这就需要积极的倾听。要求倾听者聚精会神，积极调动知识、经验储备及感情等，让我们的大脑保持紧张状态，接受信号后，立即加以识别、归类、解码，做出相应的反应，表示出理解或疑惑、支持或反对、愉快或难受等。做到认真的倾听是尊重他人的表现并且能够获得对方的信任。

在复杂的商场上，倾听可以让你能够更加清楚的认识到他人的立场、观点、态度，了解对方的沟通方式、内部关系，甚至是小组内成员意见的分歧，这样可以使你在交流的过程中持有主动权。不能否定的是，一些说话的人故意为你提供一些错误的信息，让你混淆。这就需要倾听者保持清醒的头脑，把自己所了解的各种信息总结起来，不断进行区分、过渡，分辨出什么是真的信息，什么是假的消息，哪些是对方的烟幕，进而了解对方的真实意图。使对方变得不那么固执己见，然后达成双方都同意的一个合同。

监狱警察在与服刑人员第一次良好接触后，监狱警察便成了部分服刑人员在临时环境中的倾诉对象。所谓听者也不只是单单的听内容，其中的技巧若能掌握适度，不仅仅是得到服刑人员的信任，对方也认为获得了尊重，这样一来可以让对方之间的间隔缩小一些，听的人就更能够知道对方的性格特点、部分家庭情况及其思想动态，通过交流还可以找到一些信息，这些信息有利于公安机关及时给予他（她）们所需的疏导和帮教。

我们知道了非语言沟通在我们的日常生活中有着很重要的用处，那么我们应该利用这些条件充分掌握非语言的沟通技巧。

1. 目光

目光接触，是最能够体现感情的非言语交往。"眉目传情"、"暗送秋波"等成语形象说明了目光在人们情感的交流中的重要作用。我们就说说销售吧！

在销售活动中，听的人应该要注视着对方，表示关注；但是所讲话的人就不能一直注视着对方了，除非两人关系已密切到了可直接"以目传情"。一直到说话的人说完以后在把目光转到听话人的目光中。这是在表示一种询问"你认为我的话对吗"？也可能是表示说"现在该论到你讲了"。

在人们交往和销售过程中，人们之间的目光接触还要因人而论。推销学家在一次实验中，就找了两个相互不熟悉的女大学生共同讨论问题，预先对其中一个说，她的交谈对象是个研究生，同时却告知另一个人说，那个女孩交往的对象是一个高考多次落第的中学生。结果发现，那个认为自己地位高的同学，在交流过程中，听和说都充满自信地不住地凝视对方，而自以为地位低的女学生说话就很少注视对方。我们的生活中也经常发生这样的情况，往往主动者更多地注视对方，但是被动的一方就会很少接触对方的目光。

2. 衣着

在交流的过程中，人的衣着同样可以传播着交流的信号。意大利影星索菲亚·罗兰说：“你的衣服往往表明你是哪一类型，它代表你的个性，通常他人和你第一次的见面时往往会不自觉地根据你的衣着来判断你的为人。”

衣着本身是没有语言的，不过人们在一定的情况下会以穿某种衣着来表达心中的思想和建议要求。在和他人的交流中，人们总是恰当地选择与环境、场合和对手相称的服装衣着。所以衣着是销售者"自我形象"的延伸扩展。一个人的衣着不同，那么留给他人的印象也就不同，对交往对象也会产生不同的影响。

美国有位营销专家就曾经做个这样的一个实验，他本人以不同的打扮出现在同一地点。当他身穿西服以绅士模样出现时，不管是问路，还是问时间的人们，他们很多都属于是彬彬有礼，而且本身看来基本上是绅士阶层的人；当他打扮成无业游民时，那些流浪汉就常常会接近他，或是来找火借烟的。

3. 体姿

达芬·奇就曾表示说：精神应该通过姿势和四肢的运动来表现。相同的是，在销售和人际交往中，每个人的动作都会表现出一种特定的态度，表达特定的涵义。

销售人员的体势就能够看出他的个人态度。身体各部分肌肉如果绷得紧紧的，可能是由于内心紧张、拘谨，一般和一些地位较高的人交流的时候就会出现这种情况。推销专家认为，身体的放松是一种信息传播行为。向后倾斜15度以上是极其放松。人们总是把自己的思想转化到体姿中表现出来，略微倾向于对方，表示热情和兴趣；微微起身，表示谦恭有礼；身体后仰，显得若无其事和轻慢；侧转身子，表示嫌恶和轻蔑；背朝人家，表示不屑理睬；拂袖离去，很明显就是不同意，不想要交流了。

我国传统上讲人们很注重姿态在生活中的运用，认为这是一个人是否有教养的表现，所以就存在了大丈夫要"站如松，坐如钟，行如风"之说。而在日本还有着严格的要求，百货商场对职员的鞠躬弯腰还有具体的标准：欢迎顾客时鞠躬30度，陪顾客选购商品时鞠躬45度，对离去的顾客鞠躬45度。

假如你想要让对方和你的首次交流存在着很好的印象，那么你首先应该重视与对方见面的姿态表现，如果你和人见面时耷着脑袋、无精打采，那么对方就可能认为自己并不受到你的欢迎；如果你不正视对方、左顾右盼，那么对方也许就会怀疑你的真诚。

4. 声调

有一次，意大利著名悲剧影星罗西前去参加一个外宾欢迎会。席间，许多客人要求他表演一段悲剧，所以他就用了意大利语念了一段"台词"，虽然人们听不懂他的"台词"内容，然而他那动情的声调和表情，凄凉悲怆，让人们也不由自主的跟着流泪了。可一位意大利人却忍俊不禁，跑出会场大笑不止。最后才知道，这位悲剧明星念的根本不是什么台词，仅仅说的是宴会中的菜单名。

合适的语音声调，是顺利交往的条件。通常的条件下，柔和的声调表示坦率和友善，在非常激动的时候就会自然的颤抖，表示同情的就要略为低沉。无论我说什么话，阴阳怪气的，就看起来有些冷嘲热讽；用鼻音哼声往往表现傲慢、冷漠、恼怒和鄙视，就显得没有诚意，让人不高兴。

5. 微笑

微笑是带着快乐的，它带来快乐也创造快乐，在我们的交流过程中，微微笑一笑，这时人们就会在微笑中感受到喜悦，同时得到一个消息："我是你的朋友"，微笑虽然无声，不过却深具含义：高兴、欢悦、同意、尊敬。因此在你与他人的交流过程中，请时时刻刻把"笑意写在脸上"。

小小微笑，大大力量

在人际交往中，微笑有着很大的作用，表现在以下几个方面：

（1）表现心境良好。面露平和欢愉的微笑，就表示有着愉快的心情，为人充实满足，乐观向上，善待人生，这样的人才能够有着很好的魅力，深深的吸引他人与之交流。

（2）表现充满自信。面带微笑，是对自己充分自信的表现，一般这种人能够以不卑不亢的态度与人交往，很容易就让人觉得他是可以信任的人，常常被别人真正地接受。

（3）表现真诚友善。微笑也说明了自己心底坦荡，善良友好，真诚待人，而非虚情假意，让和这种人交流的人可以放松自己的心情，无意之中就缩短了心理距离。

（4）表现乐业敬业。工作岗位上保持微笑，就表明他非常的热爱本职工作，乐于克尽职守。就像是那些服务行业一样，微笑更是可以创造一种和谐融洽的气氛，可以让顾客得到全身心的愉快和温暖。

就好比有这样的一家公司，里面的员工去拿一份重要的材料，但是结果去的都被骂了回来。老板就把这个任务交给了小李，小李很愁呀！不过还是需要前去拿回来，所以他就去了。等到了那里之后，发现那位科长还在破口大骂呢？这时小李什么也没有说，只是微笑、微笑还是微笑，嘴里说着："噢？这样呀？是吗？"他这时候唯一做的就是一直保持着微笑。之后，那个吴科长骂了很长的时间终于停了，小李说："吴科长，你很善于表达你内心里的愤怒呀！"然后，吴科长就观察了他一下，对小李说："嗯！这小伙子不错！我也不为难你了，你就拿回去吧！"就这样别人没有拿到的，而他却办到了。

发自内心的微笑才是最真实的，它渗透着自己的情感，做到心和表情一致，毫无包装或娇饰的微笑才有感染力，人们才会更加亲近拥有这样表情的人。对人友好，首先要学会微笑。笑是人际间的润滑剂，常常以笑脸对人的人，自然会有很多的朋友。蒙娜丽莎因她那神秘而美丽的微笑让无数人心动，而正是因为掌握了微笑秘诀的人们最后才获得优秀的成就。

假如把生活比喻成是画，那么微笑就是画中最绚丽的一笔；如果生活是一本厚厚的书，那微笑就是书中最精彩的章节；把生活形容成一首歌，那么微笑就是歌中最动人的音符。

我们喜欢微笑，只是我们也习惯的把微笑留给了别人，但是没有留给自己，因为，有时候我们会突然间忘记微笑。

笑容能够拉近人与人之间的距离，自然大方，最真诚友善的微笑，使人可以充满力量，越来越自信，沟通交往更顺畅。

微笑表现了心境的良好。面露平和欢愉的微笑，表示心情很好，充实满足，乐观向上，它可以产生一定的魅力。

笑容是一种喜庆的表情，它可以缩短人与人之间的心理距离，为深入沟通与交往创造温馨和谐的氛围。所以人们都说笑容是交流的润滑剂。

在笑容中，微笑最自然大方，最真诚友善。全世界的人们都普遍认同微笑是基本笑容或常规表情。

微笑是世界上第一且最美丽的交际语言，微笑是一种富有诗意的表情语言，同时也是人际交往的桥梁。

微笑是一个很优秀的交际本领，也是高明的处事哲学。举世闻名的"旅馆大王"希尔顿，自1919年用借来的钱创办了第一家希尔顿旅馆后，等到了1976年时，他的资产已达数十亿美元，在世界五大洲的各大都市拥有希尔顿命名的旅馆70余家。希尔顿的成功当然和他的聪明才智有关，更是依靠他独特的服务艺术——微笑。他把微笑称作"永远属于旅客的阳光"。作为集团的总裁，他就需要经常乘飞机到各地去工作，每天至少要与一家希尔顿旅馆的服务人员接触，而他常常问员工的话就是："你今天对顾客微笑了没有？""希尔顿的微笑"为自己带来了人们的信任以及成功。

将好心情挂在脸上，能够感染到周围人乐观的心情，使他们同样拥有好心情，可以营造出轻松地气氛；将坏心情挂在脸上，这时候就能够得到周围人的安慰与同情，共同分担痛苦。但是相比较而言将心情挂在脸上更加能够给人带来动力。有很多的人们常常因为各种不顺利的事情，让自己每天都满脸苦相，也不会分时间和场合，且不顾及周围人的感受。对于这样的人，很难使别人亲近他们，把他们当朋友。并不是人们小肚鸡肠，也不是他们装高尚，而是与这样的人相处，会让人感到尴尬，同时也会非常的累。就算是人们不在乎他人对自己的看法，但是他们也不会希望冷不丁的听到别人对他说一些夹杂着自己各种坏心情的话。也许，当时他们并没有在意这些话，也没有表示出什么事情，但是那个时刻，他们却已经受到了伤害。虽然是不在乎这些话的内容，但是却在乎自己的尊严受到了侵害。而笑容是一种令人感觉愉快的面部表情，它可以缩短人与人之间的心理距离。它是一种能够令人心情温暖的微笑、一种出自内心的微笑，这样的微笑比人们身上所穿的华丽衣服更重要。

一个纽约大国贸的人事经理说过:"我宁愿雇佣一名有可爱笑容但是却没有念完中学的女孩,也不想雇用一个摆着扑克面孔的哲学博士。"

你可以试一试在你去上班的时候,向着大楼的电梯管理员微笑,向着大楼门口的警卫微笑,在坐公交车的时候,向着公交车的司机微笑,向着你见到所有人微笑,这时你很快就会发现每个人也会对你报以微笑。

有一个名叫柯比的人,他有一个习惯就是和所以与他对视的人们都报以微笑,但是他的老婆很讨厌他这个习惯,一天他骑着电瓶车戴着他老婆和孩子一起去超市购物,当他们在停车的时候那里也有一个人在停车,这时候他又习惯性的对他微笑,他老婆问:认识他啊?他说不认识,他老婆就说他像是一个精神病又像个白痴,然后就去超市里逛了,当他们从超市出来时看见自己停车的位子有俩个人在争吵,之间之前旁边停车的人对另外的一个人说这是我朋友的车,你不能开走它。最后才知道原来其中的那个人是想偷车,在他偷车的时候正好被之前旁边的人看到了,就坚决不让小偷把车骑走。而幸运的是这次车子没有被偷走。这就是微笑的力量。

微笑不只是一个很简单的面部表情,它更代表着人们内心世界的生动写照。一个经常在脸上挂着微笑的人,那么他在任何场合都是极易受到欢迎的人。在经济学家看来,微笑可以带来很多的财富;在心理学家看来,微笑属于是最能说服人的心理武器;而在服务行业,微笑就是服务人员所持有的最美的"名片"。

人们说微笑是一种职业操守、职业素养,同时它更是一种修养,一种气质,一种风度，一种力量。在当今社会中，职场中人，要把微笑作为提高职业素养的第一步。

微笑是一种令人感觉愉快的面部表情，它能够拉近人与人之间的心理距离，而且还能为深入沟通与交往创造温馨和谐的气氛。

微笑是职业人士保持的最佳的工作状态。微笑不只是人们的一种表情，它更是人们对工作、对客户、对此刻人生看法最直接、最真实的反映。

工作、生活中离不开微笑，因为微笑是我们对自己工作的肯定与自信，也是表达了对他人的善意和爱。微笑并非是服务业的特权，它属于是所有的职业人士工作时的常态。

有这样的一个故事，一位知名培训师出差住在希尔顿酒店，酒店里一位普通的服务员给他的印象非常的深刻。

那个普通的服务员，是一位十分开朗的人，每次看到她的时候，她的脸上都绽放着使人非常舒服的微笑。很多顾客都和她很熟悉，从他们交谈中可以看出来就如同老朋友一样。

一天，培训师到酒店附近的商店买东西，正好见到了那个服务员也在那里，培训师发现她当时的神色非常悲伤，与之前的阳光感觉非常的不同。

在与她打招呼时，培训师就发现这个服务员的左臂上系了一块黑纱，从而得知，她刚刚失去了一位亲人。不过在她见到培训师的那一刹那，又神奇的再一次露出了之前的那种使人感到温暖的微笑。

培训师问她："家里有人去世了吗？"

她回答说："是我的父亲，上个星期去世的……"

培训师非常吃惊的问："怎么之前让人一点都看不出来呢？"

她继续微笑着说:"希尔顿酒店有一条规定:就算是发生天大的事情也不能把我们的愁云摆在脸上!就算是饭店本身遇到了很大的困难,希尔顿服务员脸上的微笑一定要永远是顾客的阳光。"

毫无疑问,亲人去世所带来的巨大悲痛是无法用语言形容的,但是服务员却仅仅是将这种悲痛放在心里,只有一个人的时候才会流露出悲伤,而面对工作和顾客的时候,还是依照职业要求始终保持一如既往的微笑,做"顾客的阳光"。

我们在那个服务员的身上,可以找到身为一个优秀员工所具备的职业素养。在我们的人生中,有谁没有遇到情绪不好的时候,这些情绪大部分都是能够得到人们的理解的,同时也是值得安慰。但是这些情绪毕竟只属于个人,作为一个职业人,我们是没有理由将个人情绪转嫁到工作和客户身上。也正是因为有这样如此敬业的优秀员工,才使得希尔顿饭店可以遍布世界而且得到广大的各国顾客的喜爱。

"做顾客的阳光",这样的理念并不是服务业的专有,它同样也适用于所有的单位和行业。假如能够做到把工作中服务的每一个人都当成"顾客",看作是要给予温暖和阳光的人,如此一来就算是最小的事也能做到最好。毫无疑问,只有这样的人,才能够在职场中得到充分发展。

对现在的工作领域的人们来说,微笑几乎已经成为工作中必不可少的一部分。微笑对每一个人是一种非常重要的交际功能。无论在生活还是工作中,微笑的魅力都是闪耀的,推动我们能够更好地生活和工作。

微笑的力量是无穷无尽的,它是一种全世界通用的语言。不管你去往那个国度,微笑都能为你打开一扇门,可以让你和周围人都感到愉快,使人们都能够欣喜地接受你。微笑交流是无价的,是最动人的"语句",微笑属于全世界畅行无阻的通用"语言"，它所持有的价值连城，是人类的首要语言。

传说中有一个关于微笑内涵的故事：

在唐玄奘西行取经之后500年，有一位僧人受到师傅的派遣同样要到西天提取圣经。

"师傅，弟子只会说汉语。"在快要走的时候，僧人对师傅说，"西行要经历许多小国家，为了排除语言的障碍，我是否应该请一个翻译跟着我一起去呢？""到哪里去找通晓所有国家语言的翻译呢？让很多翻译和你一起去，这是多么不现实的事呀！何况我们出家人两袖清风，也没有多余的钱来请那些翻译啊？还是你自己想想办法吧。"师傅说道。

"要不然等到我全部学会各个国家的语言再去吧。"僧人又说道。

"那要等到何时啊？现在我们急需真经，你也没有时间来耽误了。"师傅说，"有一种语言是天下通用的，你怎么不去使用呢？只要你用上它，可以包管你走天下都不存在交流的障碍，并且还会有很多人愿意主动来帮助你。"

"弟子愚钝，请师傅指点。"

"它就是微笑啊！"

之后的这位取经僧人依靠微笑，走过了很多的国家，并最终顺利取得了真经。

一个很成功的人如此说过：即使你到了一个语言不通的国家，你还能够保持微笑，就已经胜过千言万语。通常情况下在你还没有和人交流时，那么外人首先看到你的是外在的面目表情，这时候微笑就成为了拉近人与人之间距离的最好武器，充分的运用它，能够增加自己的亲和力，使人与人之间的距离得到很好的缩短。

在当今的社会上，有一种表情最具商业价值，这种表情就是我们常见到的微笑。即使你没有熟练的营销技巧，但是你拥有着热情、自信、友好的微笑的话，你依然可能取得成功。

小王、小张和小李三个年轻人都在卖报。他们地处不同的街道，并且都有自己独特的营销策略，在他们三个人之中属小李的报纸卖得最好了。但是奇怪的是，小李所在的位置并不是其中最好的地段。

小王所在的位置正是人流聚集地，可以说是地处黄金地段。不过小王每天都是愁眉苦脸地站在那里，当乘车人招手索要报纸时，他就会慢腾腾的来到顾客面前然后把报纸递上去，并露出一副招牌式的苦瓜脸。每逢刮风下雨，就很少能够看到他的人。

小张卖报纸的时候并不是在一个固定的位置上，总是在马路上到处穿梭，哪里人多往哪里跑，哪里要报就去哪里。他也没有时间来呈现出什么表情来，尽管他看起来非常的忙碌，但是他的销量却不尽人意。

小李一直待在一个固定的地区，双腿略微分开，以保持他的站姿。为了可以使客人看到报纸的大标题，他把报纸放在胸前。他面对客人的时候一直都是保持着微笑的，并且使用"早上好"愉悦地向经过身边的人问好。在人们购买报纸的时候，他会露出灿烂的笑容，在别人转身离去时，他会大喊："谢谢你，祝你天天快乐！"小李就是用这样的方式使自己成为报纸销售量最高的人。

小李并没有优越的地理位置，同时也没有很忙碌的奔波，他只是用自己的微笑赢得了顾客，取得了很好的销售水平。

微笑作为一种特殊而重要的身体语言，是当今的商业人士所必须具备的一种商业武器！商务交往中，没有哪个顾客希望看到对方一直都是愁眉苦脸的样子。相反，如果不时地施以真诚的微笑，就可能感染他，让顾客也能有个好心情，可以与你友好的交流。

微笑是一种带给人亲切感的语言，如果在工作和生活中多一些微笑，那么你的人生每时每刻都会多一份安详、融洽、和谐和快乐。

微笑富有魅力，微笑是每个人所喜爱的一种方式。微笑可以缩短人与人之间的距离，化解令人尴尬的僵局，拉近对方的心灵，让对方产生安全感、亲切感、愉快感。当你对他人微笑的时候，实际上就是以巧妙、含蓄的方式告诉他，你是一个让人喜欢的人，自己会尊重他的。如此一来，你也能够得到对方的尊重与喜爱，让他人对你充满信任。

微笑属于一种正力量。这种力量，可以给你的工作带来无尽的动力，同样也能提高你的工作质量；这种力量，可以使你身边的同事以及朋友感受到同样的好心情，如此一来就可以创造出更好的工作环境；这种力量，会使你的顾客产生亲和力，让你的工作轻松快乐。

可能有人会提出疑问，每天看着一个人的微笑，不会疲劳吗？这就要靠用心的微笑了。用心微笑，能让别人感觉到你的真诚、你的修养，这样的微笑是不会让人感到有负担，并且产生疲倦的感觉。

人们常常说人与人之间的距离是比天空和大地之间的距离更远，因为人心里都会藏匿太多的猜忌和戒备，那么要如何使我们每个人都能够快乐呢？这就需要我们放下人生中那些过于沉重却又不必要的的行李，生命中有"爱"就足够了。如果你以前不会微笑，你可以尝试着给周围所熟识的还有陌生的人一个真诚的微笑吧，这会使他人的心灵为你打开。微笑是有感染力和连带性的，在不知不觉中就融入人们的内心深处，从而让更多的心灵为之感动，只有有爱的心才能够体会到快乐，才会让微笑发自心底，灿烂在脸上。

可以这样说，如果生活中没有了微笑，那么生活就像是花园里失去了和煦、明媚的阳光，一切美好的景物都会黯然失色。但是最真实的微笑来自于内心深处，渗透着自己的情感，表里如一，极具感召力，是人与人友好交流的通行证。

微表情，大秘密

一个报道中说到：在一场现场模拟招聘会上，很多毕业生在观看的时候发现，原来挠头、摸鼻子这些小动作，会成为自己找工作的阻碍。

"假如让你把自己形容成一种水果，你认为自己属于是那种的？""请说出矿泉水瓶子的3种用途。""如果让你帮姚明设计他在美国的厨房，你会选择怎样的方案来设计？""你觉得专业和兴趣应该怎样跟社会实践相结合？"在面试官的一步步询问过程中，在场的几位面试者就开始表现出不同的表情来：有的开始挠头，有的紧抿嘴唇，还有的眼神飘到了天上，仅仅只有一位是在低头沉思，而且在眼神中还透露着一些坚定。

经过30秒的思考时间，这些面试人员开始回答问题了。挠头的那位支支吾吾，只说自己像西瓜，不过却说不清自己为什么像西瓜，他说："我感觉我的内心不够坚强，就像西瓜，虽然外皮比较硬，但里面其实很软。"抿嘴唇的那个人就一直强调自己要在实践中完善自己的专业知识，但却说不清楚两者到底如何结合……看到台上的面试者这样的表现，场下的学生不禁发出一阵善意的笑声。

"搓手、拽衣袖、眼神飘忽等，这些表情是面试的时候经常出现的'微表情'。尽管我们也不会因此就否定他们，但这些'微表情'，肯定会影响面试者真实水平的发挥。"某位资深人力资源顾问认为，"微表情"属于是影响当今大学生面试的主要的因素，面试时的心理素质和抗压能力，是面试官们越来越注意的对象。

在面试的时候，很多的面试官主要关注的是面试者的回答是否自然流利、逻辑是否严谨，有没有一个很好的心理素质。轻松的态度和表情，一般就会让考官认为你是一个自信、富有经验、社交能力强的人。

不过和面试官的意愿相反的是，在参加面试的毕业生中，82%的人都在各种程度下出现了很多的小动作，如不断抿嘴、挠头、摸鼻子等不自然的"微表情"，在这些面试者中，只有60%的大学生能确定自身处于紧张状态。通过调查了解还发现，93%的大学生面试压力来源于考官对自己的评价，并非是因为自己的实力多少产生的压力。

"通常都是一些下意识的做出的'微表情'，泄露了面试者内心的秘密。"专家建议毕业生，如果在面试的时候一定要学会尽量控制自己的"微表情"和压力，而在面试前深呼吸、听音乐等都能够很好的使自己的压力得到缓解。

林肯在以前就拒绝过朋友为他推荐的一个人，在朋友问他原因的时候，林肯说：此人的神态让人不舒服。这个例子很好的说明了在生活中，表情神态的重要性。经常听人说，他遇到的某些人神情奇怪，而他自觉没有作出如此之表情，也不知道对方为什么要做出这样的反应。从这里就看出了，人在很多时候对自己的表情并不自知。那么，人到底如何才能较好地管理好自己的表情呢？怎样才能对自己所做的表情有所了解呢？

一般人们对自己的表情控制的时候，主要是通过4个方面。我们可以通过对这4种方法的了解，从而来识别人们控制情绪、表情的痕迹。这4个方面如下：

（1）形态上的改变。

（2）时间状态。

（3）出现点。

（4）微表情。

我们就从微表情开始说起，狭义上的微表情指的是完整的表情出现的时间非常短，就是转眼之间发生的一种，出现时间大概是0.2秒。很容易就能够理解这种情况，某些时候，你瞥见别人的脸色突然出现一点变化然后又恢复原样，这就是因为他在控制自己的情绪。

出现点说的是人们表情出现的时刻。

通常来讲，自然流露的表情和语言、身体语言是一起发生的。比如说，某个人在抱怨糟糕的服务令他很生气时，一般在这个时候他的面部表情就应该会流露出愤怒的痕迹。那么假如他先是一种非常生气的表情，隔一会才说自己对这服务感到很生气，那么这里面已经存在他控制愤怒的痕迹。当然，控制并非是伪装，除了伪装，更好的形容应该是他能够控制住自己的愤怒不让自己失控。

时间状态表示的是呈现表情时的速度、持续的跨度、结束的速度。

情绪中的惊讶，伴随着它的发生必定是迅速的，同时结束得也快，存在时间极短暂。如果你在某个人脸上长时间看到类似惊讶的痕迹，那必定是装的或者可以说是因为悲伤等其他情绪的痕迹。其他的情绪，一般也要因人而异了。比如某些人说变脸就变脸，就是他出现愤怒的速度很快，如果某天你觉得他对本应该生气的事表现出滞后的反应，这样自然会引起人们的好奇。又如某些人遇到好事时原本会高兴半天，不过只是高兴了一小会儿，那么他必然是有控制了自己情绪的痕迹。

形态上的改变，即表情的伪装或变异等有如下表现：

（1）高兴的话，通常人的下半脸表现明显，例如脸颊提高，嘴角上扬等，如果要用高兴的表情来掩盖其他情绪时，那么破绽则应该在眉毛、额头处，在那些地方会把自己的真实情绪表现出来。

（2）至于惊讶，一般的情况下不是那个人处在一定疲倦的状态下或是事件本身令人惊讶的程度不低时，那么应该会看到瞪大的眼睛而且放松的眼睑。在这个真实的表情下时间是体验它的最好的依据。

（3）而害怕，最重要的线索在眉毛，如果眉毛、额头无害怕的痕迹，那么害怕的可信度就较低了。

（4）至于愤怒，人们对此控制是很在行的，一般人都可作出愤怒的表情来，光从样子来看，是很难判断出它的真伪。可能下眼睑的绷紧程度会是个破绽。实在是非常的生气，下眼睑是绷紧的。

（5）然后是厌恶的表情，当厌恶是伪装时，我们可以从他的眉毛和额头看出他的真实情感，当然，厌恶可能会和其他情绪一起出现。简而言之，眉毛和额头显露的其他情绪真假难辨。

（6）伤心的表情，其眉毛是最可靠的，通常较少的人才能做出伤心的眉毛动作，因此它的出现大致上来说能够确定是伤心类情绪。

一瞬间的微表情，最难掩饰的真实内心

做出每一个表情都是有一定意义的，通过这些微小的表情变化，你就可以洞察到其内心的变化。哪些是真的，哪些又是假的呢？就通过这些细小的变化，揭开你的迷惑吧！在小世界里去了解大世界，以小见大，微表情的魅力就在这儿。

在人们的交流中，不仅仅只是需要通过语言来交谈，也需要各种表情等肢体语言。而这些肢体的语言对我们了解对方起到不可忽视的作用！每个人都会有言不由衷的情况，不管是对方还是自己，常常会无意之中带一些细微的表情在身上，如果你能抓住这些微表情的话，那么在你与他人交流的时候就会掌握有利的条件。

微表情，是人们的内心的流露与掩饰。人们习惯流露出一些表情来表示自己内心的想法，然后让对方发现，在人们做的不同表情之间，或是某个表情里，脸部会"泄露"出其他的信息。"微表情"虽然只是一瞬间，但是它却能很好的表现人们在遇到这样的情况下的真实感情。

通常在面试的时候，面试官就会着重观察面试人流露出的表情来做依据，考察两点：面试者的自信以及所回答内容的可信度，再综合考虑其展现的性格特征，具体考察他是否适合这项职务的条件。

（1）微笑，通常说明很有自信，而微偏头微笑，则表示自在友善。

（2）指尖搭成塔尖：深具自信。研究指出，假如在很紧张的情况下双手十指是难以一下对准的。

（3）常扶眼镜等小动作，或把玩领带项链等，若作为开发研究类思考性工作就没有问题了，但若作为销售等职位，表现的情感也许就会显的自信不足，心神不宁。

（4）手指磨擦手心，是焦虑的表现，而咬指甲，则是缺乏安全感。

（5）手插口袋，眼睛左顾右盼，不与对方对视，表示紧张害怕，缺少自信心。

（6）抿嘴唇，挠头，窘迫紧张，不知所措。

（7）眼睛向上看，就显得较迟疑。

（8）扶眉骨，是典型的羞愧，在面试时出现，就要注意所说的话是否恰当。

（9）嘴微张，眼睁大，表示难以置信，而向一边撇嘴唇是不屑一顾的表现。

（10）在交流过程中总是会打断对话，作出切断性手势，说明这样的人主见较强。

微表情，属于心理学名词。就是人们把内心的想法通过表情的形式表达出来，在人们做的不同表情之间，或是某个表情里，就会把信息表现在自己的脸上。"微表情"最短可持续1/25秒，尽管这样无意的表情只是持续了很短的一段时间，不过这种烦人的特性，很容易暴露情绪。当面部在做某个表情时，这些持续时间极短的表情会突然闪过，并且是一种和说法不同的情绪。

一般人们在说谎的时候，往往会有3种情绪，一是害怕谎言被戳穿的恐惧感，一是违背道德的羞耻感，另一个是撒谎成功带来的成就感。一个人有了恐惧感，也许就会表现出自我保护的条件反射，像是眼神不接触、手放胸前、身体后仰等。羞耻感会让人出现眼睑下垂、嘴角下撇、手放额头等动作。成就感就会表露出一些小小的喜悦笑容。

但是微表情也是不同的人有不同的表现的。每个人生活经历不同，动作也会有差异。就好比说，一个人在小时候撒谎挨了父母打，比如被揪耳朵、打脖子等，那么在孩子长大以后，每次的撒谎也许就会无意中地摸脖子或揪耳朵。

虽然观察表情对我们的交流很有帮助，但是到处察言观色就容易疑神疑鬼了。

想要更准确的判断微表情，就需要有丰富的辨识经验、敏锐的观察力和大量的专业知识。因为每个人都是不同的，情绪变化快，只是凭借一两次外部观察，是很不容易就看出事情的真相的。

不用掌握确凿证据，也不用测谎仪，甚至不用发出声音，仅仅是依靠人们的表情变化就能够判断出一个人是否说谎，这是美国电视剧中莱特曼博士所具有的高超本领。

那些转瞬即逝的绝望、尴尬或者窃喜等细微表情，人们用一个专有名词来称作它们就叫做"微表情"。莱特曼正是运用这些一闪而过的细微表情，破获了一个又一个连联邦调查局都束手无策的案件的。

微表情就是脸部表情的一种形态。如果把人的脸比作是传播信息的媒介，那么人们就能够通过观察对方的脸部表情，从而来获取自己想要的信息。通常而言，人类有7种情绪：愤怒、恐惧、厌恶、惊讶、难过、愉快和轻蔑。

据调查表示正常的表情通常会持续在1/2秒到5秒之间，其中是一个起承转合的过程。而微表情属于是不同于正常表情的一种存在，它所持续的时间会更加的短暂，一般只有1/25秒至1/5秒。这种表情往往和欺骗联系在一起，不管这是否是充满着恶意的。当人们试图掩饰、刻意隐瞒某种心理活动时，很有可能就会通过微表情来透露出内心的真实想法。

在我们与他人交流的过程中应该有过这样的感觉："为什么我不喜欢这个人笑成这样？"以及，商场里的售货员面对衣着寒酸的顾客，可能会在她笑脸相迎中闪过一秒轻蔑的嗤笑。

虽然有很多的人总会错过微表情，不过人们的大脑依然受到影响，并会用这些感觉来判断问题。假如，在一张笑脸中出现了"冷笑"的微表情，人们的判断就会倾向于认为这张高兴的面孔在撒谎。

我们用一些细节像是下巴上扬、眉毛斜垂、抿抿嘴巴来判断一个人是不是在说谎。依据这些方式，一些对这方面感兴趣的观众归纳出"识别谎言技巧汇总"，其中包括"撒谎时会摸脖子"、"单手掩面表示羞愧（手放在眉骨附近）"、"单边耸肩意思是说，对事情没有信心或是无所谓"，等等。

微表情有时候是会让人产生误导的，微表情和普通表情在很多的地方都是相同的，仅有的差别就是持续时间的长短。

这个概念是美国心理学家保罗·埃克曼在1969年首先提出。那个时候，一个名叫玛丽的重度抑郁症患者告诉主治医生，说自己想要回家看看自己的剑兰和花猫。在说这些请求的时候，她的神情看起来非常的愉悦而放松，而且不时地眯起眼睛微笑，摆出一副撒娇的模样。但是让人无法想到的是，玛丽在回家之后，尝试了3种方法自杀，但是都没有成功。

在这个事情发生之后，埃克曼将当时的视频反复播放，用慢镜头来仔细的观察，突然在两帧图像之间看到了一个稍纵即逝的表情，而这个表情属于是一个生动又强烈的极度痛苦的表情，整个过程仅仅持续了不到1/15秒。

之后，埃克曼就把这种瞬间出现的表情称为"微表情"。1978年，埃克曼发布了面部动作编码系统。体统中称，人脸部的肌肉有43块，可以组合出1万多种表情，其中3000种具有情感意义。埃克曼根据人脸解剖学特点，把它们划分成若干相互独立又相互联系的运动单元。分析这些运动单元的运动特征及其所控制的主要区域以及与之相关的表情，就可以看出标准的面部运动的表情来。2002年，这一系统得到了发展，对表情的捕捉准确率达到了90%。

经过充分训练,你很可能成为一个识别谎言的高手,国内的研究还处在发展的起步阶段。国内进行过这样一次实验:

在一间普通的办公室里,让一些志愿者们坐在计算机前。屏幕上出现了4个系列的静态图片。每张图片将会在荧幕上停留2秒。刚开始的图片是一个单眼皮、塌鼻子的日本女人。她的眼睛睁得很大,或者张开嘴巴,甚至撑大鼻孔,其中演示了高兴、忧郁、愤怒、恐惧、惊讶和悲伤这6种表情。其中还有3个其他3个系列图片,分别是非洲的黑人小伙子、一个蓝眼睛的法国姑娘和一个棕褐色皮肤的印度女人,同样演示了6种表情。之所以选择不同的族裔作为实验对象,主要是因为一个原因,就是表情是文化的产物。但是,埃克曼的研究就发现,面部表情是人类共有的,"在一个愤怒的人身上,不管是来自纽约还是巴布亚新几内亚,他呈现在脸上的表情是一样的"。在这个识别表情的基础程序里,志愿者只需根据自己的生活常识,判断出表情的种类,然后用鼠标进行选择就好了。在对这些基础表情的判断正确率达到100%之后,才到下一个程序。

在下一个程序的时候,就改变了这些图片停留的时间。它们以40毫秒、120毫秒、200毫秒和300毫秒4个时长,在计算机屏幕上展示。40毫秒即1/25秒,200毫秒即1/5秒,正好是微表情通常持续时间的临界点。

经过实验表明,人们对于低于40毫秒的微表情的认别能力几乎没有。而当展示图片的时间长于200毫秒时,人们对于微表情的辨识率和一般表情的识别率差不多。专家介绍,只有约10%的人才能发现微表情,他们其中不是拥有特殊天赋,就是经过了后天的严格训练。很多的人们仅仅是出自一种直觉和自信,对他人进行揣测。

后来,这些志愿者又按要求参加了进一步实验。在这一组实验中,专家们对识别表情的基础程序进行了强化。在刚开始的程序中,持续两秒的静态图片会接连呈现两次，志愿者需要对同一张图片，重复在6种表情中，然后找出正确的答案。

他们开始向莱特曼博士学习。他非常善于识别每一个人脸上的微表情，就算是一个面部肌肉动作仅停留了1/5秒，也会被他们的利眼发现。在经过实验后，这批经过强化训练的志愿者，已经在很大程度上提高了对于微表情的辨识率。

现在对于这个项目的研究，主要应用于部队、警察局等国家安全机关的工作中，成了他们识破谎言的重要依据。在机场、火车站、地铁站等一些人多的场所，一批经过训练的便衣警察四处巡逻。他们就是通过观察人群中人物脸上的微表情进行判断，分辨出是否有潜在的恐怖分子存在等。

北京大学心理学系教授沈政是这样解释的，微表情测谎的优点是通过摄像和计算机系统采集到的最为自然的表情。和一些测谎仪等其他检测手段相比较而言，它并不会影响采集对象，同时采集对象也是不知道的，所以它更具有真实、可靠性。

从2005年开始，71岁高龄的埃克曼就对英国情报机构、美国中央情报局等各国机构进行面部表情识别的培训。同时他还会教一些辩护律师、健康专家、扑克选手，甚至对配偶心怀猜疑的人们识破谎言。而且他也制作了网络课程，在一张价值20美元的光盘或12美元的网络课程协助下，可以让你很快的就能够识别一些简单的谎言。

与此同时莱特曼还表示："真相和快乐不可兼得"，埃克曼坦白说识谎能力对自己的生活也产生了一些影响。他一定不会去识破周围朋友、亲戚的微表情，"去揭露每个人的微表情，揭穿每个人的谎言，这样的话自己的生活就会很痛苦"。

当然，"人类对于微表情的识别能力最终还是有限的，很多研究依靠的依然是机器"。不是每个说谎的人一定就会产生微表情。在一些很平常的谎言中是不会出现微表情现象的，只有在人们说一些跟自己利益非常相关的谎言时，才会出现微表情。对于微表情进行是否撒谎检测的真实度到底有都强，还没有一个固定的答案。

现在，专家们想要研制出一种用于识别微表情的机器，这种机器和测谎仪具有较大的不同。测谎仪是一种"侵入型"的机器，它是依据人们在说谎时候的生理变化上的指标进行判断。但是这种仪器存在着一些不足，经常会出现误判情况。而通过计算机系统捕捉到微表情，能够在一定程度上避免一些误判事件的发生。

但是，并不是那么容易就能完成这项研究的。在国外，很多关于微表情的研究成果还是保密着的。埃克曼曾在《自然》杂志上表示，主要是为了对国家安全的考虑。就算是国家元首的要求也遭到过拒绝。埃克曼在一次专访中幽默地说："有几次，在任总统问我能否帮他们提高可信度，我的回答一直都是：我并不是在开撒谎学校。"

隐藏在情绪里的心理学

5

我们通常很难控制自己的情感，所以总是会将情绪画在脸上，不过在复杂的社会中要想保护好自己首先就要做到控制自己的情感。不要轻易让情绪将你左右，你要做情绪真正的主人，让情绪为你服务。假如你不会使用自己的情绪，可能就会受到伤害，光明是需要自己去寻找的。

不良情绪，理智去控制

我们想一想，如果在工作中带有情绪，能够给我们带来什么益处呢？只能影响你的正常工作，百害无一利。只有知道其中的利害关系，你就会有所限制自己的情绪了。还有生活中要学会调节自己的情绪。时刻使自己放松心情，保持一个平常心。人生谁无成败与得失，每个人都有很多。你唯一可以做的就是尽力把事情做得最好。

在人生道路上，很多的人们总是把自己挂得很高，不希望看到任何挫折，在工作中遇到挫折时，也不想去面对事实，客观地分析问题，而是容易被焦躁的情绪所控制，急于求成，却欲速不达，反而让自己遇到更多失败；更有的人每当遇到不顺利的事情时就会积累一些自卑情绪，感觉自己没用，逃避困难，自暴自弃。生活本来就很容易使人产生情绪化的行为，因此在生活中一定好保持好自己的心情，以免产生不良情绪。

不能够控制自己情绪的人们，总是感情用事，从而使自己的人际关系遭到冻结。他们对于喜欢的人纵容依顺，对着不喜欢的人敌视、对抗，严重的还会用各种语言来攻击对方；不分场合任意发泄不满情绪，对同事冷眼相对，把朋友当出气筒，冲着家人闹脾气，做错了事情也不道歉；对着别人的抱怨与批评，遇事看不清客观事实，不能够保持冷静，反而意气用事，最终只会让身边的人受到伤害。因此这样的人每当做事情的时候要三思而后行，先想想后果再看看自己的做法是否行得通,只有这样做才会得到很好的人际关系。

有一个男孩子很淘气,经常对别人乱发脾气。父亲就要求他,每发一次脾气就钉一根钉子在墙上。第一天他钉了37根钉子,他就感觉自己发的脾气好多呀!所以在以后的日子所钉的钉子就越来越少了。直到有一天,这个男孩不再乱发脾气了。此时,父亲又要求他,能够忍住不发脾气一次,就从墙上拔出一根钉子。如此一来在一段时间之后,所有的钉子又都被拔了出来。这时父亲带着孩子走到这堵墙前面,对男孩说:"看看这布满小洞的墙吧!虽然钉子拔出来了,但是墙壁再也回复不到以前的样子了。你发脾气时说的伤害别人的话也会像钉子一样在别人心里留下伤口,虽然后来你也说了对不起,但是当初的伤害所造成的伤疤却一直都留在那里。"

现在社会中的竞争压力非常的大,所以在各个行业中的工作人员都或多或少的存在一些不良情绪,如沮丧、抑郁、焦躁、偏执等,抱怨的声音也随之而来,"觉得工作累、郁闷",或者因为压力大而感到沮丧、挫败等。我们到底应该怎么看待这些情绪呢?

在心理学的理论中,评估个人负面情绪状况的指标方面就包括抑郁、焦虑、敌意、强迫、神经质等。假如总是让这些不良情绪禁锢在相对封闭的环境中,使其难以在短时间内化解,进一步积聚后就会成为危害心理健康的不良情绪,后果就无法想象了。事实上,负面情绪和开心、愉悦等正面情绪相对,它属于是正常的存在,不用太过担心,但如果长时间得不到缓解,那么这些普遍正常存在的负面情绪就会影响我们的工作,更严重的就会成为危害健康的不良情绪。

因此,相对于整个公司或组织而言,有一定的方案来控制不良情绪的扩展是非常重要的。心理专家表示，不好的情绪很容易受到人们的传播，而且在企业危机被外界放大引发讨论后，整个团体的氛围也会受到不良情绪进一步扩散的影响，最终就会造成员工们的干劲不足，而且还会在无意识中受到暗示。

想要一个群体中不会受到不良情绪的影响，那么就需要先解决个人的不良情绪。个体情绪的调节方法第一种就是调节自己的想法和心态，在接受一些严格的要求的时候，就要想到可能对方也受到了某种压力，而不是故意来敌对自己的，这时就将更多的关注点放在如何解决问题上，而绝非是自己生气；第二种就是当你感觉自己可能会生气的时候，可以先把那件事搁置起来，就像是在领导刚说你几句，你就马上去争辩，可能同时会放大双方的不良情绪，最好的办法就是在自己冷静下来以后再做交流。

总而言之，在我们的工作中，不仅要注意调节自己的不良情绪，还要懂得自己的不良情绪或者是别人的不良情绪相互影响，扩大了低气压的范围。

生活如此的复杂，所以人们总有情绪低落的时候，也许因为一个人，也可能是因为一件事，让人久久不能释怀。情绪的低落，会对我们的生活造成很严重的影响，也会影响日常的工作学习。

有这样的一个故事，说的是有三个工人盖房子，有人问他们"你们在做什么呢"，第一个工人说"我在砌墙啊"，第二个工人说"我正在做一小时9美元的工作"，等到第三个人的时候他说"我正在建世界上最伟大的建筑"！

三种各异的回答，代表着三种不同的人生态度。我们无法选择自己的出生，但可以选择自己的生活，选择面对生活，工作的心态。用一个舒心的态度来对待客户，用一种积极地态度去对待工作，全心全意，就如同是一些真诚的关系，随着时间的流逝，会变得越来越紧密，使我们的交际生活可以变得很快乐、轻松。

那么，我们怎样使自己的不良情绪不影响自己的工作呢？我们可以通过做到下面几点来使我们的情绪得到调节：

1. 多锻炼身体

身体是革命的本钱，平时没有事的时候或者周末带着家人抑或约上三五知己去去健身房或爬爬山，身体硬朗起来，就不会经常生病，工作起来也就轻松自如，通过这样的过程不仅锻炼了身体，还能愉悦心情，也同时加强了亲人、朋友之间的交流，存在心中的不良情绪也会因为心情的变好而消失不见了。

2. 改变四周的摆设

在我们的工作环境下，如果总是杂乱无章，就会在忙的时候更加的心烦；所以不妨将自己的工作空间，变成自己的情感的放松地。除了让每份文件都有可以归类的地方外，亦可利用一些颜色鲜艳的小海报、有趣的摆设或茂盛的绿色盆栽，让自己时刻在一种愉悦的环境中工作。

3. 开辟学习的渠道

在不断发展的社会形势下，科技日新月异，就需要每个人都要不断的学习，才能调整工作上所遇到的困难。所以我们应该利用工作的空闲时间，培养一些其他方面的兴趣，例如阅读、画画或学习陶艺等。这不仅能使心灵与精神有所寄托，同时也会使自己知识素养得到提高。

负面情绪，正确去应对

在我们做的事情当中，受到感情影响的有非常多。因为伟大的成就是感情给我们带来的，或许可以让我们失败，所以，我们必须了解，自己的感情要好好的控制，首先应该做的是，了解哪些感情是对我们有刺激性的？我们可将这些感情分为七种消极和七种积极的情绪。

七种消极情绪为：

（1）恐惧；（2）仇恨；（3）愤怒；（4）贪婪；（5）嫉妒；（6）报复；（7）迷信

七种积极情绪为：

（1）爱；（2）性；（3）希望；（4）信心；（5）同情；（6）乐观；（7）忠诚

上面的14种情绪，正是你人生计划成功或失败的关键，他们的组合，既能意义非凡，又能够混乱无章，完全由你决定。

上面每一种情绪都和心态有关，我一直强调心态的原因也就是因为如此。个人心态的反映事实上就是这些情绪，你可以组织、引导和完全掌控的对象就是你的心态。你的思想一定要好好的控制，你必须对思想中产生的各种情绪保持警觉性，而且还要根据心态影响的好与坏选择是接受还是拒绝。

你的信心和弹性会因为乐观而增强，而仇恨会使你失去宽容和正义感。假如你的情绪没有办法控制，你的一生将会因为不时的情绪冲动而受害。

假如你现在正在非常努力的把自己的情绪控制住，可准备一张图表，每天把控制情绪的次数记下来，这种方法可使你了解情绪发作的频繁性和它的力量。一旦你发现刺激情绪的因素时，就应该采取点行动把这些因素给除掉，或者把他们可以利用的地方充分的利用起来。

在你想要追求成功的欲望的时间，转变成一股强烈的执着意念，并且着手实现你的明确目标，这是使你学得情绪控制能力的两个基本要件。这两个基本要件之间，是有着密切联系的，而其中一个要件获得进展时，另外一个要件也是会进展的。

无缘无故的爱和恨在世界上是没有的。

人自己本身的体验就是爱和恨这些情绪。一般来说，只要把人的需要满足了，会引起肯定的情绪体验如愉快、高兴等。如果没有把人的需要满足，则引起否定的情绪，如愤怒、恐惧等。总之，我们对外在事物的态度的体验就是情绪。这样的体会在我们的日常生活中常常出现，心情非常好的时间，做什么事都得心应手；反之，心情非常糟糕的时间，做什么事都不顺利。这就是情绪对于人所发生的作用。所以，我们每个人都应该做情绪的主人，我们的生活不可以让情绪来左右。

因为信念太多，所以在世界上有非常多的情绪，更何况这些意念都源于莫须有。试问，如果一切皆善，一切皆清净，情绪在哪里？一种不该有的意念就是执着，非常多的烦恼也会因为执着而产生，所以，当这种执着的意念越淡，我们的情绪也就越安好。

我们总幻想着如果有时间的话，周末可以去一个从来没有去过的地方去感受一下；我们如果存了足够的钱后，就会去把那件喜爱的新衣服给买了……我们幻想着，假如有一天，可以到三亚去欣赏天涯海角的迤逦风光，假如有一天，去青藏高原看看那巍峨壮丽的布达拉宫，到沙漠去体会那"大漠孤烟直，长河落日圆"的奇观，还好奇玛旁雍错湖的湖水真的是传说中的圣水吗……假如把这一切都变成现实的话，将会是人生中多么美好的事情。

非常美丽、非常动人的事物常常是我们所幻想的，总可以让自己和所有人感动。但是，我们不能因为实现之前的这些幻想，就让自己的情绪一直都停不下来了。其实，你想去的风景或许没有你心目中想象的那么美好，即使你真的到了天涯海角，仍然还是你自己；一切自在人心，把眼前的事情做到完美，你做人的价值依然存在。

我们还有一种情绪是怕，因为怕，所以我们都一直不敢去面对现实。我们怕贫穷、怕被批评、怕得病、怕失去爱、怕年老和怕死亡。假如这些事在你身上发生的话，你就马上变得情绪低落。非常多的人现在都在惧怕未来，其实这么多"怕"，有非常大的一部分还没有发生过，即使有非常大的可能也没关系，最少在这一刻中我们的心情是保持着快乐的。

人生没有"如果"，但是有非常多的"但是"。只要那些虚无的"如果"你可以把它舍掉，现在的每一天都开开心心、高高兴兴的面对，就会发现一切都在"当下"。不要再因为"得不到"而让我们把发现快乐的眼睛给蒙蔽住，明天会有明天的不如意与条件的制约，是靠不住的。

佛说：当一个人的情绪忽明忽暗，有时晴朗，有时阴雨，反反复复时，那是因为我们掉在情绪中而已！有非常多的人都会随着自己的情绪、好恶而不知所措。要有一个清楚的目标，要是跟着情绪变化做人的话，有了目标，看着目标，不管情绪好坏，环境好与差，都会以目标为主，这样就不会因为情绪被外界的环境所左右。

佛经上说："过去之心不可得。未来之心不可得。"我们的情绪都会被这些心影响着。唯有正视现在的那颗心，才会做情绪的主人。随喜、随悲由自己。有时，上天会给我们安排一些考验，但是，不管是什么样的安排都是非常好的。所以，不要抱怨，也不要幸灾乐祸。不要给快乐、幸福、放松找太多的借口。人生苦短，活着的每一天我们都应该珍惜。只有拥有了美好的情绪，才会知道世界也是非常美好的。让一个人开心是一种很简单的事情，我们也会非常容易的发现，其实自己也非常的幸福。

每个人都会有情绪低落的时候，也许因为一个人，也许因为一件事，会让人好长时间都没有办法释怀。情绪的低落，影响生活，日常的工作和学习也会受到影响。当你感觉你正在被一些问题所困扰时，不妨试着照下面的十二种方法做做，也许会有所帮助。

1. 确定几件你认为一生中最有价值的事情，然后专心去做

当人处于低潮时，对所有事情都没有兴趣。总是想着那些伤心的事情。所以，如果想把这种情绪给摆脱掉，首先应该让自己不要总是去想这些问题，把注意力转移到别的方面。

2. 对于某种不能改变的事实，那就全心地接受它

有的时候，我们没有办法改变一些事情。既然已经成为事实，不要总想着如何再让它变为虚无，尝试去接受，去面对现实。一个人不要想着改变世界，事物不会因你而改变。我们所能做的，就是适应这个世界。所谓物竞天择，适者生存，想让自己开心，首先就要让自己不那么极端，不要太较劲。

3. 生活要简单而有情趣

对于现在的生活不要总是不满，不要总是和别人去攀比。你的生活，有自己的精彩之处。有时候，用大把的票子堆起来的并不是幸福的生活。

4. 原谅别人就当作原谅自己

宽容是一种美德，是对犯错误的人的救赎，也是对自己心灵的升华。不要总是想着对方如何得罪了你，给你造成了什么样的损失。想想对方是不是值得你去如此发火。他是故意的还是无心的？平时对你是怎么样的？给对方一个机会，就是给自己一个机会。对于一些人，原谅，远远要比惩罚来的有效。也许只是一时的失误，也许只是一闪而过的歪念。每个人都会犯错，不要太去计较。

5. 相信人是可以改变的，若要改变别人，先试着改变自己

不要一直认为江山易改，本性难移。有时候，只要有信心，人也是可以改变的。或许是为了友情，或许是为了爱情，又或许是为了亲情。对于他人我们应该用发展的眼光去看待。尤其是对于相爱的人。或许对方的一些毛病是你没有办法容忍的，如果你还爱着对方，就给他机会去改变。但是，严格要求对方的同时，也要严格要求自己，对于自己的一些为对方所不能容忍的毛病，一样要加以改正。永远不要严于待人，宽于待己。这样做的话只会让对方非常的伤心、失望。

6. 确信任何痛苦和逆境都是有意义的，并且尽量去找出它们的意义

你现在所受到的痛苦，并不是一点意义都没有的。人生不如意之事十之八九。有非常多的痛苦会在人的一辈子出现，我们是怎么都避免不了的。痛苦可以让人颓废，也可以激发人的斗志。痛苦磨练了人的意志，不会让人们非常轻易的被困难给打倒。

7. 不要求全，部分的美也是美

追求完美的人生，是每个人的梦想。但是，真的存在这种完美吗？我们穷尽一生，只是为了追求那完美的一刻，值得吗？任何人都有优缺点，每件事都会有不足。看人看事，美好的一面总是会被先看到，假如你感觉这个人非常值得你

付出，我想你一定可以容忍对方的缺点。不要把目光总盯在丑恶的方面，那样的话，你一直都不会找到快乐，好的心情一直都不会有。

8. 坚拒那些毁灭的情绪盘据心头，像：愤恨、忧伤、焦虑、内疚、自怜等

人都是有恶念的，有可能只是自己一个短时间的想法，不必为自己有这种恶念而恐慌。人的思想是复杂的，不仅仅是因为只有善念。有时一些恶念，还会帮助人们把心里的不满意给发泄出来。比如被人欺负，你可以幻想自己把他痛扁一顿等。这都是可以的，最为关键的是要把自己的恶念控制住，让它不去左右自己的行为，所以说恶念不可怕，如果运用好的话，是可以帮人疏导压力的。

9. 对原来引起你某种不良情绪的刺激，试作不同的解释

有时候对一件事，有可能会因为时间的改变也变的不一样，当时对你来说很痛苦的一件事，但等过一段时间之后，你也许会有另一番见地。从不同的角度去尝试看问题，你也许会发现，痛苦根本没有你想象中的那么真实。

10. 不强求、不追悔，凡事试着顺其自然

一个成熟的人，对于自己做过的事情应该勇于负责。对于自己做过的事情，不要后悔，因为这是你自己当初的选择。这样的选择，是被当时的你所认可的，所以，你没有理由去后悔。不要总是想着也许我那样做这样的后果就不会出现了。你应该知道，不要以同一个结果去比较不同的选择，也许另外一个选择导致的结果比现在还糟糕。既然选择了，就不要后悔。只要自己尽力了，别的一切，就让他自然发展吧。有的事情只要自己努力去做了，收获是水到渠成的。不要总是想着自己会得到什么样的结果，自己努力的过程用心去欣赏就可以了。

11. 学习在日常生活之中享受一般人视为平凡的事物

不要总是幻想着会有新奇的事情发生，这不是童话的世界。这个世界是现实

的，是残酷的，同时也是美好的。通常越是平凡的事情，往往也会给人带来非常大的震撼。

快乐是一种内在的涌现、真正的快乐是不假手于任何外在的人、事、物的。

永远不要把自己的快乐建立在别人的痛苦之上。因为那样的快乐是不会有太长时间的。

紧张情绪，勇敢去克服

很多人都害怕上台演讲，并且在台上总是会因为紧张而出现失误。这种事情是非常常见的，但是我们要怎样克服它呢？创新工场的CEO李开复是这样告诉我们的：

首先，我们要建立一个认知，非常普遍的问题就是上台演讲、表演时的紧张，我也跟大家分享过自己如何克服演讲的紧张的经验。这种"怯场"的压力，世界上最著名的表演者、歌唱家、球员都存在的，只要变成引人注目的焦点，就会把你的紧张反应给引起来。所以先接受这个状况，知道这样的现象是非常普遍的，并不是因为你内向胆小才会这样，再外向自信的人上了台，也都会受到这种"怯场"的影响。全世界著名的男高音都会因为担心紧张而演出失常，多明戈的最高记录是一场表演中声音暴了五次。所以每个人都是会怯场的，这其中最大的两个原因是：（1）准备不周全；（2）得失心太重，你越想表现得完美往往越会失常，就是这个道理。如果你知道上台紧张是一个普遍性的问题，就不必那么突显自己的不行和困难，对于自己的紧张，努力的用平常心去看待并且把它接受，只要这样做了，或许你会和它非常好的相处。

要想有好的演讲能力，在平时应该多加准备多加练习，不仅仅只需要私底下去练习，要在人前光明正大地练，大方地邀请同学、朋友给你回馈，甚至请他们为你录音、录像，可以让你对自己的评估更加有效客观，把有利的修正给做出来。逃避并非上策，不如把逃的力量用来加强自己，使自己能够迎头赶上！

演讲有许多不同类型，有专业的、大众的等，这些演讲在表达方式及内容上都有很不同的安排。自己的风格是可以从演讲的练习中磨练出来的，回归演讲的目的是最为重要的，想要给听众听么？目标达到了没有？演讲前好的心态和准备可以大幅度降低你的紧张，下面的几个演讲技巧也会进一步帮助你克服紧张情绪：

1. 你所需要具备的心态

（1）要坚信人人都可以成为一个优秀的演讲者。有非常多的例子证明一个普通的演讲者经过练习，变成优秀的演讲者是完全可以的。

（2）要理解为你的成功是所有听众都希望的，他们来听你的演讲，就是希望能听到有趣的、有意义的演讲。

（3）对自己没有信心或没有兴趣的演讲，如果能推掉就尽量推掉。

2. 你需要做的演讲练习工作

（1）多做练习是最好的准备。这会把你心里的自信增高，你的表现也就会越来越好。

（2）练习时，请亲人和朋友作为观众，然后给予你回馈。假如亲人和朋友都没有的话，把自己当一面镜子或让你的宠物也当做你的听众，尽量想象自己就站在听众面前。

（3）录音录像，然后自己通过自我批评实现进步。每演讲一次至少要练习两遍，最好一直练习到滚瓜烂熟为止。一定要保证在规定的时限内把它给讲完。

（4）如果你会脑筋一片空白，那就准备一份讲稿，多练习几次，这样可以在脑海里面多出现几次。

（5）如果你仍然担心，那就把你的笔记带进场，假如忘了还可以把你的笔记查看一下。

（6）如果你还担心，那就把你的演讲写出来，然后现场念。

3. 演讲前你需要做的工作

（1）如果可能，在没有上台的时候先和前排的观众聊聊天。一方面，可以让局面更友善，让你的压力减轻；另一方面，也可以多给你几个和善的面孔，让你讲得更轻松。

（2）如果你担心讲得不够激情，演讲前多喝几杯咖啡——但是，如果喝的太多的话是会发抖的。

（3）在上台前做深呼吸可以降低血压和澄清头脑。也请参考大脑体操中的交叉动作，有意识地藉由放松伸展动作，可以让左脑进入比较好的整合状态。

（4）通过做脸部动作放松脸上的肌肉，像把你的眼睛和嘴张大再闭紧，一定不可以让别人看到。

4. 演讲时你尽量要做到的几点

（1）如果讲到一半忘了演讲词，千万不能紧张，直接跳到下面的题目，这些问题可能没有人会注意。

（2）停顿不是问题，不要总是想发声以填满每一秒钟。最优秀的演讲者会利用间隔的停顿来把他的重点更清晰地表达出来。

（3）如果看听众的眼睛会让你紧张，那就向观众的头顶看。

（4）眼睛直视听众，注视的对象是可以随时进行更换的。不要左右乱看，不要往上看，如果那样做的话，会让你看起来不是很值得信任。

（5）如果看观众会让你感觉紧张，那么眼睛可以多看那些比较友善的、或常笑的脸。

（6）演讲最好用接近谈话的方式进行，清晰的思路用比较简单的语句表达出来，不要太咬文嚼字。

（7）最好适当地使用肢体语言，做些手势，尽量不要太死板。

（8）如果你会发抖，手上不要拿着纸，因为你发抖的程度会通过纸扩张的，应该把手握紧成拳头，或扶着讲台。

（9）演讲时千万不要提到自己的紧张，或对自己的表现道歉，那样做只会让你对自己更加的失去自信。

（10）如果观众的兴趣可以在开场白的时间就被吸引住，整场演讲便会变得容易和顺畅。

还有一些方法我们可以学习并尝试一下：

1. 回避目光法

作为一个初登讲台的演讲者，心情是肯定紧张的，特别是听众的某些偶然因素也会人为地造成紧张情绪。比如某个听众发出一些声响，就会把演讲者情绪的波动引起来。这个时间，你就应该把目标转移到别的地方，或者采取流动式的虚视方法，有意识地回避目光对视，把自己良好的心境保持好。

2. 呼吸松弛法

在演讲前，运用深呼吸松弛紧张情绪的办法简便可行，具体做法是站立、目视远方、全身放松，做深呼吸。这样也可以缓解演讲时的紧张情绪。

3. 自我陶醉法

在演讲时，面对满场听众，有时会因精神紧张而出现语言表达失误的情况。这个时间，自己可以设想下已经获得了成功，就会让自己的信心倍增。

4. 自我调节法

为了消除紧张情绪，可在演讲前通过创设良好的外界环境，让自己的情绪放松下来。如在演讲前，听一首轻松愉快的乐曲，看一些令人捧腹的幽默故事等。

5. 注意转移法

为了消除演讲前大脑的紧张程度，可以有意识地把注意力转移在某一个具体的物件上。比如，可以仔细的把会场的环境布置欣赏一下，也可以和别人随便的谈一下，这样可以把紧张的情绪冲淡。

6. 语言暗示法

语言的暗示也是多种多样的，它包括自我暗示和他人暗示。比如演讲前可以这样暗示自己："今天来的听众我很熟悉，心情紧张没必要。我准备得很充分，很有信心。"你能行！我们等着为你的精彩演讲喝彩。通过语言的暗示，进而把紧张的情绪给消除掉。

由个人实践经验得到的方法：充分准备演讲课题；演讲的时间不要一直盯着台下的人看，盯着一个人的眼睛，把自己的思路专注起来，自然而然就不会紧张了。多加练习是最为关键的，在公共场合也要多讲话。

除了这种上台演讲的紧张感以外，在生活中，常常会因为环境的不同，人际关系，生活习惯，工作的改变，全新的生活和工作环境让人们强迫的适应，而造成紧张的重要根源也是这些东西。

西蒙先生下班回到家里在餐桌前坐下来，但是，他的心情非常的烦躁不安。

西蒙先生的妻子也走了进来，在餐桌前坐下。他打声招呼，一面用手敲桌面，直到一名仆人把晚餐端上来为止。他以非常快的速度，他的两只手就像两把铲子，不断把眼前的晚餐一一铲进嘴中。

晚餐吃过之后，西蒙先生立刻起身走进起居室去。起居室装饰得十分美丽，有一张长而漂亮的沙发，华丽的真皮椅子，地板上铺着高级地毯，名画在墙上面挂着。他把自己投进一张椅子中，几乎在同一时刻拿起一份报纸。被他匆匆的翻了几页，急急瞄了一眼大字标题，然后，把报纸丢到地上，把一根香烟拿起来，点燃后吸了两口，便把它放到烟灰缸里。

西蒙先生不知道自己该怎么办。他突然跳了起来，走到电视机前，打开电视机。等到影像出现时，又非常不耐烦的把它给关掉了。他大步走到客厅的衣架前，抓起他的帽子和外衣，走到屋外散步去了。

西蒙先生这样子已有一段时间了。他没有经济上的问题，他拥有两部汽车，事事都有人服侍他——但他就是无法放松心情。不仅是这样，他甚至把自己是谁都忘记了。他为了争取成功与地位，把他的全部时间都付出了，然而可悲的是，在赚钱的过程中，他却把自己给迷失了。

西蒙先生的症结在于他的紧张情绪。现代人普遍存在的现象就是紧张的心理，它的产生主要与社会环境有关。

在这种情况下，这些紧张的情绪是一些负面的情绪，它可以让我们的心情变的非常的烦躁不安，在一定程度上已经把我们的情绪给影响了，我们一定不能让它过度的继续下去，否则就会像西蒙先生那样，对我们的身心健康带来无法估量的损害，所以我们应该把这种紧张的心理情绪给克服掉。

那么，在平常的时间，这种紧张的心理我们又该怎样来克服呢？

1. 把烦恼说出来

当有什么事烦扰你的时候，需要大胆的说出来，不要放在心里面。把你的烦恼向你值得信赖的、头脑冷静的人倾诉，你的父亲或母亲、丈夫或妻子、挚友、老师、学校辅导员等。

2. 暂时避开

当事情不顺利时，你短暂的离开一会，去看看电影或一本书，或做做游戏，或去随便走走，把环境改变一下，这一切能使你感到松弛。强迫自己保持原来的情况，忍受下去，这样就是对自己的惩罚。当你的情绪趋于平静，而且当你和其他相关的人均处于良好的状态，可以把问题解觉掉的时候，你再回来着手解决你的问题。

3. 每天晚上做一次反省

想想看："我感觉有多累？假如我感觉到累，那不是因为劳心的缘故，而是我工作的方法不对。"丹尼尔·乔塞林说过："我不以自己疲累的程度去衡量工作绩效，而用不累的程度去衡量。"他说，"一到晚上觉得特别累或容易发脾气，我就知道这天的工作质量肯定不是很好。"如果这个道理全世界的商人都懂得的话，那么，因过度紧张所引起的高血压死亡率就会在一夜之间下降，我们的精神病院和疗养院也不会人满为患了。

4. 改掉乱发脾气的习惯

当你想要吵骂一个人的时候，你应该尽量克制一会儿，把它拖到明天，与此同时用抑制下来的精力去做一些有意义的事情。例如做一些诸如园艺、清洁、木工等工作，或者是打一场球或散步，把自己的怒气给平息掉。

5. 学会谦让

如果你觉得自己经常与人争吵，就要考虑自己是否过分主观或固执。要知道，这类争吵将对周围的亲人，尤其是对孩子的行为带来非常不好的影响。你可以坚持自己正确的东西，静静地去做，给自己留一点余地，因为你很有可能是错误的。即使你是绝对正确的，你也可按照自己的方式稍做谦让。你这样做了以后，往往会发现别人可能也是这样做的。

6. 尽量在舒适的情况下工作

记住，身体的紧张会导致肩痛和精神疲劳。

通过上面的方式，使自己努力的摆脱掉紧张的情绪，这样我们就会变得更加的轻松，思绪也会变得更加的清晰，所有的事情在我们的面前都变得那么的简单，那么的明了，可以让我们的信心大大的增加，自己的梦想可以被更加清楚的认识到，这样才有利更好的发展。所以，把紧张的情绪克服掉，展示自己的魅力吧！

极端情绪，努力去消除

有些古话说的很好，"枪打出头鸟"、"木秀于林，风必摧之"，锋芒毕露，一定会只是逞一时之能，但是最终却不能成为人们长久发展的保障，最后遭殃的还是你自己。枪打出头鸟——锋芒毕露一定会受到人们的排斥。

锋芒毕露总有一天会伤害到你的。若行为举止处处锋芒毕露，就如同经常将刀拿出挥舞一番，一定会对他人全部封杀才愿意停止。这种只图一时之快，而不懂长期发展的做法，最终的结果只会使你的锋芒因随处挥舞而伤痕累累。

孔子有句话说的好，"人不知，而不愠，不亦君子乎！"但是，很多的人认为他人看不到自己的优点，就想尽办法让更多的人知道自己。尤其是年轻人，总是希望别人能在最短的时间内就知道自己是个与众不同的人。那么最好的方法就是先要引起大家的注意，让别人关注自己，自然而然会想到从言语、行动方面加以努力。最后的结果就成了在言行或举止方面的锋芒毕露。

有一些年轻的新人到了单位后，以为自己的学历高，懂得多，脑子活，就开始在各个场合大力的发表议论。"不懂电脑还不如去死"、"新时代要有新脑筋"，等等。或者随处展示一下自己知道的网络通行语，原本想要使同事们对自己有好印象，但是那些岁数较大的老同志或比较主观的领导只会觉得你傲慢、偏激、浮浅。

与"锋芒毕露"相对，人们更加的提倡"沉默是金"的处世哲学。因为适当保持沉默是谦虚的表现，同时也是一个人自信和力量的体现。只有适当收起你的锋芒，才会在人缘或工作中有大收获。在我们的周围就有很多的人，他们毫无棱角，言语如此，行动也是一样。但是他们个个深藏不露，表面上看好像他们都是庸才，但是他们都具有很不错的能力；看起来他们好像不善言辞，事实上在他们之中颇有思维敏捷的善辩者；他们好像个个都胸无大志，其实他们是颇有鸿鹄之志而不愿久居人下者。但是他们却谦虚内敛，不肯做出众人物，这是为什么呢？

有这样的一句话：出头的椽子先烂。他们都很懂得，如果言语露锋芒，便很容易得罪别人，得罪别人也就为自己的前途埋下了隐患。行动露锋芒，会招惹别人的妒忌，这样也可能会成为你的阻力，成为你的绊脚石。假如在你的周围到处都是阻力或破坏者，那你还怎么施展拳脚呢？

社会的含义是什么？人的集合就组成了社会，社会之所以会变幻莫测的只是由于人性的复杂所导致的。从根本上说，社会环境是消弭个性的。个性多数是不可能被认可的，个性，即与社会的通行法则及平常人的习惯想法有出入的性格。试想，我行我素，凡事随欲而为，人家怎么会痛快呢？对你的亲人、朋友或那些较宽容的人来说，也许他们还能接受你的这种个性和行为。但是对于普通社会大众来说你无疑会犯众怒的。

年少祢衡自持才高，所以把谁也不放到眼里面。二十来岁时便跻身于名士权贵之中。但是祢衡很瞧不起那些人，将他们视为酒囊饭袋。在他自己的心里面，举世无才无人与自己抗衡。汉献帝初年，孔融上书荐举祢衡，曹操欲召见他。不知道天高地厚的祢衡，恃才自傲，出言不逊。曹操心中不快，最后给他封了个击鼓小吏，以羞辱他。祢衡也因此更忌恨曹操。曹操在一次大会宾客的时候，祢衡被命令穿鼓吏衣帽击鼓助乐，但为了羞辱曹操祢衡竟当众裸身击鼓，使他们的酒兴大扫。曹操对之深以为恨,但曹操聪明,杀有才之人会背上不重贤良之名。祢衡被曹操送给荆州牧刘表。不久,祢衡又因倨傲无礼而得罪了刘表。刘表也很聪明,不杀祢衡,把他打发到江夏太守黄祖那里去了。在黄祖那里,祢衡仍是一如从前地率性而为。一次,祢衡竟当众骂黄祖:"死老头,你少啰嗦!"黄祖气极,一怒之下把他杀了。只有二十六岁祢衡就死去了。祢衡的才气和个性是致他杀身之灾的主要原因。

人有才情,本是上天赐于的宝物,周济人生的好帮手。有些有个性的人,不人云亦云,随波逐流,其个性有存在的价值。祢衡的做法却与之相反,单纯的恃才傲物,不断出现因情害事的情况,全然不知人性的复杂,社会的险恶。最终冒犯权贵,以身涉险,终遭杀身之祸。这是极有个性、才智而不得善终的一个典型事例。才智,除自身的审美和创造外,也包括对他人和环境的审视、知晓和防范,以致于利用。而不是糊里糊涂地,以一己之小搏世界之大,最终横遭不测。

社会从根本上来说就是在不断地在消除极端个性。跟他人在一起,要收敛个性,不要只顾自己,要多从他人的角度,想想他人又会怎样想,他人又会怎样说,看他人将会怎样去做,这样才不会出现四面树敌的情况,不让自己陷于他人的围攻之中。

在年轻时李东以"三头"自负,即自己的"笔头"写得过人,自己的"舌头"说得过人,自己的"拳头"打得过人。在学校读书时,已是一员"猛将",不怕同学,不怕师长,以为别人都不及他。在初入社会时,他还和在校时一样,锋芒毕露,结果得罪了许多人。但是好在李东觉悟还是很快的,经一众好友提醒后便连忙向被自己得罪的人负荆请罪,嫌怨也很快被消除了。俗话说,久病成医,他在饱受了教训后,才知道言语露锋芒,行动露锋芒,就是自己为自己前途设下的荆棘,有时为了避免再犯无心之过,李东故意效法古人之三缄其口,即使在不得不开口的时候,也是三思而后开口,这样的做法虽然有些"矫枉必过其正"了,但要把先天的缺点给掩盖起来,就不能不如此去做。

如果采取这样的办法不是永远都没有人知晓自己的能力了吗?有句话不是说"好刀用在刀刃上"吗?一个人的锋芒也应该用在关键时刻,抓住机会将才能展现给众人,并且做出过人的成绩来。到时候自然就会有人欣赏你了,那时你自然就会被人们承认确实是一把无比锋利的宝刀。

《易经》上说:"君子藏器于身,待时而动",只要有此器,便不患无此时,"是金子总是要发光的",收敛锋芒,韬光养晦,时间会证明一切。

[提升思想，带来好情绪]

人总有情绪低落的时候，有可能是因为一个人，也有可能是因为一件事情，让人久久不能释怀。情绪的低落，影响生活，也会把日常的工作和学习影响到。当你感觉你正在被一些问题所困扰时，不妨试着照下面的方法做做，或许会对你有所帮助。

1. 确定几件你认为一生中最有价值的事情，然后专心去做

当人处于低潮时，对什么事情都没有兴趣。总是想着那些伤心的事情。所以，要想把这种情绪摆脱，首先应该让自己不要总是去想这些问题，把注意力转移到别的地方。

2. 对于某种不能改变的事实，那就全心地接受它

有时候，有些事情是人们怎么都改变不了的。既然已经成为事实，不要总想着如何再让它变为虚无，尝试去接受，去面对现实。全世界不会因为某个人而改变，事物不会因你而改变。我们所能做的，就是适应这个世界。所谓物境天择，适者生存，想让自己开心，首先就要让自己不那么极端，不要太过计较。

生活中，各种各样的抱怨都会被我们听到：物价太高、工资太少、压力太大、工作太多……而快乐，好像是非常遥远的东西。其实，想要让自己变得更加宽容乐观，重要的一环就是积极的心理暗示。

有一位朋友，习惯性地愁眉苦脸，一件非常小的事情或许就会让她变的非常

的不安、紧张。孩子的成绩不好，她一天都忧心忡忡，先生几句无心的话会让她黯然神伤。她说："几乎每一件事情，在我的心里都会盘踞非常长的时间，造成坏心情，把生活和工作都影响了"。

有一天，她有个重要的会议，但是沮丧的心情却挥之不去，看看镜子里自己的脸庞，一点精神都没有。她打了电话问我，"该怎么做？我的心情沮丧，我的模样憔悴，没有精神，怎么调整一下再去参加这个重要的会议？"

我告诉她："把令你沮丧的事放下，洗洗脸，把你无精打采的尘劳洗掉，修饰一下仪容以增强自信，心里面想着自己就是一个非常得意、非常快乐的人。注意！装成高兴充满自信的样子，你的心情马上就会好起来。很快地你就会谈笑风生，笑容可掬。"她按照我教她的那样去做了，当天晚上在电话中告诉我："老师！我成功地参加这次会议，新的计划和工作被我争取到了。我没想到强装信心，信心真的会来；装着好心情，坏心情自然消失，对于你的教导我非常的感谢。"

我告诉她，这就是禅宗所谓"提起正念"，也是心理治疗上的技巧，在电话中，我又告诉她基本的原则："人要懂得改变情绪，才可以把思想和行为给改变。"这三个因素是交互影响的。思想改变了，情绪也会跟着慢慢的改变。

我们现实生活中的一粒微尘就是快乐，它环绕着我们，好像每天都没有离开过，我们想要看得见，摸得着它，伸手，但是，好像又有点模糊的样子。或许快乐源于内心，源于自己的内心……

人接受外界或他人的愿望、观念、情绪、判断或态度影响的心理特点就是心理暗示。以下几种能让人变快乐的自我心理暗示，你知道几个？

1. 调整心情

可以使用"汽车预热"的方式来调整自己的心情，就像在冬天汽车上路前都要进行发动机预热，可以让汽车的行驶状态保持的非常好。

当你刚吃完午餐，还未从慵懒中彻底解脱出来时，先不要着急着工作。可以先与同事们交流一下，或者是把上午的工作日志给翻阅一下，给自己的心情"预热"之后，再用崭新的面貌开始工作。

2. 把失败做为最后一次

不顺利的时间每个人都是有的，试着在最不开心和失败时对自己说："这是最倒霉的了，不会再有比这更倒霉的事发生了。"既然已经发生了最倒霉的事情，那么还有什么可怕的呢？

在最不顺利的时候给自己这样的心理暗示，会把自己心里的安全感加强，也会给自己信心。

3. 不强调负面结果

不要总是给自己一些这样的提醒"我就是这样做才出问题的"、"就是在这里我把钱包丢了"，等等。越是这样，心里就会更加的紧张。

所以，不要总是用失败的教训来提醒自己，应该多采用一点积极性的暗示，比如："认真些就不会出错了"、"无论在哪儿都要把钱包装好"，等等。这种积极的暗示和指导，可以把自己的生活质量提高。

4. 避免情绪低迷期

每个人都有自己的"情绪周期"，有时人们难免会陷入莫名的情绪低迷阶段。这个时间，就需要多做些比较简单的工作了，不要给自己增添过重的负担。

可以在自己情绪高涨的时候处理那些令人感到棘手的问题，因为在良好的状态下人如果要迎接挑战的话，畏难情绪可以被淡化。

5. 说出自己的内心感受

心理学研究中有一种"内省法"，自己的内心深处可以被人冷静的观察清楚，然后将观察的结果如实讲出来。

这样可以使紧张的心情得到释放，人也会非常的轻松。

6. 不要失去之后才知道珍惜

最快乐的人不一定拥有一切最好的东西，生命中所遇到的一切他们只不过非常好的珍惜了而已。

所以，身边的存在才是最有价值的，关照并重视他们，日积月累，更多"心灵财富"就会被你获得。

7. 不要太在乎外表的完美

外在之美让人拥有视觉的美感，内在之美则让人拥有内心的和谐。

容貌、财富等外在的东西总是会有消失的那一天，不如学会审视和尊重内心，把现有的生活接纳。

8. 懂得放下才能容纳更多

当你生气、沮丧、愤怒了……告诉自己，不管是什么样的情绪都是情理之中的事，把眼前的这些事情放到一边，快乐、宁静才能重新回来。

9. 生活要多些奉献，少些承诺

在为难的时刻有人帮助你的话，你会感觉生活充满希望；相爱的人彼此扶持，日子会无比甜蜜……关爱来源于相互的付出，根本不需要非常多"我保证做什么"的承诺。

10. 默默祝福他人会让内心安宁

"爱自己只会让我们更孤独，爱别人才能带来永恒的喜悦。"生命中遇到的人要感谢并祝福他们，喜悦和平和的感觉也会涌上心头。

正视各种情绪，学会控制和调整

一直处在好情绪中的人是不存在的，生活中既然有挫折、有烦恼，消极的情绪也就会存在。一个心理成熟的人，并不是没有消极的情绪，而是善于调节和控制自己情绪的人。青少年在成长的过程中，也要慢慢学会学会调节和控制自己的情绪。这样并不是说要把自己的消极情绪压抑住。心理学研究表明，"压抑"根本不可以把消极的情绪改变，反而使它们在内心深处沉积下来。当它们积累到一定程度的时候，往往会以破坏性的方式爆发，会给自己造成伤害，还会给别人造成伤害。比如我们常会看到一些"好脾气"的人，有时会突然发火，做出一些使人吃惊，或者让他们都非常后悔的事情，这通常就是在平时的时间压抑的结果。同时压抑还会造成更深的内心冲突，导致心理疾病。

我们可以把坏情绪分为急性的和慢性两种。因受到外界刺激而冲动发火，把各种不理智的行为做出来，可以说是急性的坏情绪。对付这种坏情绪常用的方法是，及时给予自己暗示和警告。假如你感到自己的怒气正在一步步向上升的时间，在心里对自己说：克制，再克制！或者默默地从一数到十。往往只需几秒钟、几十秒钟，你的心绪就能够平静下来，那个时间再去处理问题，让自己后悔的事情就不会做出来了。

慢性的坏情绪，大多数是因为生活中不尽如人意的事情造成的。造成坏情绪的原因也许不能一下消除，但长期陷在坏情绪之中，会使情况变得更坏。假如我们可以好好的对自己加以调整，使自己摆脱消极情绪的控制，就有力量来面对不如意的现实。

当感到自己情绪消沉或者沮丧的时候，可以试着转移注意力，比如出去散散步，听听音乐，打打球，或是逛逛商店；向自己的闺蜜和朋友哭诉也是可以的。

心理学研究表明，哭泣有一种"治疗"的功能，人在痛哭一场后，通常会让心情变的非常好，所以，你不必因为哭泣而感到有点害羞。你也可以写日记，或打个心理咨询热线，让自己的坏情绪宣泄出来。

除了宣泄以外，如果你能够为改变自己的处境而去做些事情，或者以逆境为人生的动力去努力奋斗，就会对你从消极的情绪中摆脱出来提供非常好的帮助。因为一方面做事的过程需要集中注意力，你想自怨自艾是一点时间都没有的；另一方面，在你的处境得到改善的过程中，你的眼界会变得更开阔，进而或许会让你对于生活有新的想法。

积极情绪是高兴、喜悦，紧张、恐惧、愤怒是消极情绪，对于这种认识来说是非常片面的。积极情绪和消极情绪的划分，不是直接依据情绪的不同性质，而是根据情绪对人产生的不同作用来区分的。积极情绪就是对人的行动起促进作用的情绪；凡是对人的行动起削弱作用的情绪，我们就称之为消极情绪。积极心理学的研究证实，对于一般人来说，那些具有积极观念的人具有更良好的社会道德和更佳的社会适应能力，他们面对压力、逆境和损失就会非常的轻松，就算是非常不利的社会环境，他们也可以应付的很自如。

培根说："嫉妒这恶魔总是在暗暗地、悄悄地毁掉人间的好东西。"人生中一种消极的负面情绪就是嫉妒，它不仅容易使人们产生偏见，还会影响人际关系。荀子说："士有妒友，则贤交不亲。君有妒臣，则贤人不至。"嫉妒是人际交往中的心理障碍，更是损坏人们身心健康的一大罪魁祸首。所以，应该正确的看待嫉妒心理，积极地对它进行矫正。当萌发嫉妒心理的时候，或有一定表现时，可以把自己的意识和行动积极主动的调整，进而把自己的动机和感情控制好。这就需要冷静地分析自己的想法和行为，同时客观地评价一下自己，需要学会控制自己的情绪。

治疗嫉妒的一剂心药就是快乐，就像嫉妒者随时随处为自己寻找痛苦一样，要善于在生活中寻找自己的快乐。假如一直想着和别人相比的话，自己可能得到的欢乐少，或是自己的那一点快乐根本就算不了什么，只能永远陷于痛苦和嫉妒之中。一种情绪心理就是快乐，嫉妒也是一种情绪心理。什么样的情绪占据主导地位是需要自己来调整的。

有这样一个关于佛陀的故事。一次，在旅途中，一个不喜欢佛陀的人被佛陀碰到了。连续有好多天，在一段非常长的路上，那人用尽各种方法诬蔑、诋毁、折磨佛陀。

到了路的转弯处，佛陀问那人："假如有人送你一份礼物，但是，你拒绝接受它，这时，这份礼物应该属于谁呢？"那人答："这还不简单，当然属于送礼的那个人。"只见佛陀笑说："没错，若我不接受你的谩骂，那你不就是在骂自己了吗？"于是，那个人自己摸了摸鼻子走了。

控制自己的情绪还不如用正面联想，每当情绪激昂到达巅峰时，四周有关的事物都会被同时注意到，这种过程称之为"联想"。例如，每当你听见某首特定的歌，就会把过去和自己有关的友人想到，这是因为情绪到达巅峰时，这首歌正好也同时在背景出现。你的心理和身体是相互联系的，所以每次听到这首歌时，便会立刻忆起当时心中的情感。

当我们产生了负面情绪时，最好不要去抑制、否认或掩饰它，更不可以去责备自己，对自己生气。我们要先坦然地承认并且接纳自己的负面情绪，不论它是沮丧、愤怒、焦虑还是充满敌意。生活中，每个人都是会产生负面情绪的，它提醒你对现状要有所警觉，是改变现状的先决条件。假如一个人的成绩非常差，但是一点也不会感到沮丧，他就不会想努力学习；如果一个人不为和别人的矛盾而苦恼，他根本就不知道应该怎样调整自己的人际交往。所以，产生负面情绪的时候不要害怕，也不要否认或逃避。首先要把它接纳，然后，把引起负面情绪的问题想办法解决掉。

我们不妨对自己说："不管在我身上有什么样的负面情绪产生，我选择积极地正视、关注和体验它，我自己的思想和问题我就会从自己身上去找，并给以建设性的解决。"

另外，我们还要无条件地接纳自己。有非常多的人从小就受到种种关注，或者严格的管束，致使很多人以为只有具备某种条件，如：漂亮的外表、优秀的学习成绩、过人的专长、出色的业绩等，才能获得被自己和他人接纳的资格。于是，有非常多的人因此背上了自卑的包袱。由于曾经被挑剔，慢慢的就习惯也用挑剔的眼光看自己了，越看越感觉自己根本没有办法接受。所以我们要学习做自己的朋友，站在自己这一边，接受并且关心自己的身体和心理状况，没有任何条件的把自己的一切接受。我们不妨对自己说："不论我有什么优点和弱点，我首先选择无条件地接纳自己。"

要学会调整情绪，不管什么事情都要向好的方面去想。很多人遇到一些难以解决的事情时，就会很多抱怨，很烦躁，结果就没有把自己的情绪把握好，通常情况下都会把非常简单的事情搞的非常复杂，复杂的事情变得更难。再烦，也别忘记微笑；再急，也要注意语气；再苦，也别忘记坚持；再累，也要爱惜自己。

改变自己就是要把自己的心态给调整好。如何调整好自己的心态？笔者认为有三点至关重要。

1. 欲望不要太高

欲望无止境，欲望越高，只要没有得到满足，形成的反差就越大，心态就越容易失衡。

2. 攀比思想不能太重

如果盲目攀比，就会"人比人，气死人"。假如，拿待遇和下岗工人相比，跟农民兄弟比收入，跟先进人物比贡献，心态就会平衡，自然也就把怨气给消掉了。

3. 要学会忘记

不要对过去的事耿耿于怀，过去了的事就让它过去，只有这样才会让非常多的烦恼都远去，心情才能舒畅。

每个人都有一套属于自己的生活理念，有的人生活的很快乐，有的人却对生活出奇的失望，归根结底是心态的问题。有非常多突如其来的灾难常常会在生活中出现，会让人突然陷入一种茫然、焦急、狂躁的情绪之中，还有的人对生命都感到绝望了。

可以非常容易的看出来，随着社会的进步，竞争的激烈，让人们的各种压力增大，如果当这种压力超过了自我负荷能力的时候，偏激的情绪就会在人身上出现，这样带来的后果是无法想象的。如果能在适当的阶段给自己找一个出口，慢慢的把这种精神的压力排除出去，我们便可走向更辉煌的道路。

隐藏在习惯中的心理学

6

伴随着一个习惯的慢慢养成,于是你就变成了这样的你,所以一个习惯的养成并不难,而如今一种习惯就可以看出来平时的状态。想养成一个非常良好的习惯,就要在生活中逐渐杜绝一些不好的习惯。让非常好的习惯帮助你成功。

人情世故，往来于餐桌

现在的社会礼仪是随处都存在的，除了在日常生活中的职场、商务礼仪之外，餐桌礼仪是非常多的人都会忽略掉的。其实用餐不单是满足基本生理需要，也是头等重要的社交经验。对于你我来说，餐桌礼仪是非常重要的，它在中国人的生活秩序中占有一个非常重要的地位。而中西餐在礼仪方面的要求也有许多差别，了解了两者的不同防止失礼于人，让你举手投足优雅于餐桌之间，是现在的人士一定要学习的。

首先，非常讲究座位排序的是中餐。如果是家宴，首先是老人入座，而且要坐首座，一般以正中为上座，至于什么是首座和正中位置则视具体情况而定；如果待客当然是客人坐首座，并且左右两边都有客人陪伴，方便招呼客人就餐。入座后不能先动筷子，要等长者和客人先起筷，你才能起筷，别看这点好像非常的简单，其实并不是这样的。有些人也许是性格太急或是饿得饥肠辘辘，看到美食就将礼仪放到一边，就什么也不顾大吃大喝起来，让人甚是尴尬。

进餐时不要打嗝是非常重要的一点，别的声音都不要出现，比如喝汤、吃面的时候，一定要谨慎些，不要发出声音。假如打了喷嚏、肠鸣、咳嗽等不由自主的声响时，就要说一声"真不好意思"、"对不起"、"请原谅"之类的话以示歉意。中国人经常犯得错误就是这些，所以，必须要注意，别让人以为你很没有礼貌，你的人际关系可能就会因为这些细节而受到影响。

入座后姿式端正，脚踏在本人座位下，手肘不得靠桌缘或将手放在邻座椅背上。用餐时须温文尔雅；在餐桌上不可以只顾着自己，也要关心别人，特别对于两侧的女宾客要招呼；口内有食物，尽量不要说话；自用餐具不可伸入公用餐盘夹取菜肴；必须小口进食，食物没有下咽的时候，不可以再往里面塞；取菜舀汤，应使用公筷公匙；食物带汁，不可以匆忙的放入口中，否则汤汁滴在桌布上，非常的不雅；要用牙签掏牙，并以手或手帕遮掩；喝酒宜随意，敬酒的时间只要礼貌到就可以了，劝酒、猜拳一定不要做；遇有意外，如不慎将酒、水、汤汁溅到他人衣服上，表示歉意就可以了，不必恐慌赔罪；如欲取用摆在同桌其他客人面前的调味品，应请邻座客人帮忙传递，不可伸手横越；假如吃到的食物不干净或者异味，应将入口食物，轻巧地用拇指和食指取出，放入盘中。倘发现尚未吃食、仍在盘中的菜肴有昆虫和碎石，应该轻轻的给侍者说一下更换掉；主食进行中，不宜抽烟；如果作为客人，不可以抢着去付账。如果朋友没有同意，也不可以替朋友付账。

"民以食为天"，一日三餐是我们每天都面对的事情，吃饭时无论你与人并排坐还是对面坐，对方的举止都会被你注意到。有许多应注意的礼仪在餐桌上面，并且常常会把这些礼仪给忽略掉。

1. 餐桌上的话题

如果饭桌上只是低头吃饭，一定有着非常僵的气氛。和背景、年龄、性格、嗜好皆不相同的客户，到底要聊些什么？

（1）天气、气候。这是英国人的习惯，在火车上遇到同车等人，展开话题肯定是因为天气。

（2）嗜好。最佳交际话题是以国家或人群之分的嗜好。

（3）新闻报导。尽管每天不同，但是特则新闻几乎都有几万人以上看到过。

（4）故乡，出身学校。有可能会把同乡找到，把彼此之间的距离拉近。

2. 使用筷子的礼仪

（1）不能举着筷子和别人说话。用筷子推饭碗和菜碟也是不可以的，不要用筷子插馒头或别的食品。

（2）忌舔筷，就是不要用舌头去舔筷子上的东西。

（3）忌迷筷，举着筷子不知道夹什么，在菜碟间来回游移，用筷子拨盘子里的菜更是不可以的。

（4）忌泪筷，夹菜时流着菜汁。

（5）忌敲筷，不要用筷子敲打餐具。

（6）忌上香筷，就是为了比较方便省事，把一副筷子插在饭中递给对方，将会被看做是非常的不尊敬人。

3. 就座和离席

（1）应等长者坐定后，才可以坐下。

（2）席上如有女士，应等女士坐定后，方可入座。如女士座位在隔邻，应招呼女士。

（3）用餐后，须等男、女主人离席后，别的客人都离开后自己才可以离开。

（4）坐姿要端正，与餐桌的距离保持得宜。

（5）在饭店用餐，应由服务生领台入座。

（6）离席时，应帮助隔座长者或女士拖拉座椅。

4. 餐巾的使用

（1）餐巾主要防止弄脏衣服，兼做擦嘴及手上的油渍。

（2）须等到大家坐定后，才可使用餐巾。

（3）餐巾应摊开后，放在双膝上端的大腿上，一定要记着不可以系入腰带,或在西装领口挂着。

（4）切忌用餐巾擦拭餐具。

中国地大物博,各个地方的礼仪也都是不一样的。如有些地方过年的鱼是不能吃的,主要是取"年年有余"的好意头,而因为平时吃鱼的机会非常少,过年做了之后只是摆一下台面,所以你要慎重起筷。在有些地方女人和小孩是不能入主席的;再值得学习的基本礼仪有不准吃汤拌饭或胡乱挑菜等。

作为具有几千年历史的礼仪之邦,中国的餐桌礼仪自然也是非常全面的,只是在中西融合的今天,慢慢的中餐礼仪就被人淡化了。中餐的餐桌礼仪实际上是非常讲究的,而作为中国人我们首先来简单了解一下中餐礼仪。

酒文化在中国太源远流长了,或许是酒可以把彼此之间的距离拉近,国人在待客过节时都会频频举杯。劝酒的现象在酒桌上面是会常常出现的,有的人总喜欢把酒场当战场,千方百计劝别人多喝几杯,"以酒论英雄",有时过分地劝酒,这样的做法也是比较失礼的。

而敬酒更是一门学问。一般情况下敬酒应以年龄大小、职位高低、宾主身份为序,在需要敬酒之前一定要把敬酒的顺序充分的考虑好,分明主次。与不熟悉的人一起喝酒,也要先打听一下身份或是留意别人如何称呼,避免出现尴尬局面。当你对席位上的某位客人有所求的时候,对他自然要倍加恭敬,但是要注意,如果在场有更高身份或年长的人,一定要先给尊者、长者敬酒,只有这样才可以让大家都感到比较舒服。

中餐礼仪介绍了这么多,对于现代人来说知道西餐礼仪也是必不可少的大众课,在这里只能简单的介绍一下,作为基本了解的礼仪知识。

（1）西餐的餐具在你就餐之前基本都被主人和侍应摆好了,你只要遵循由外向内用即可。餐刀刮碟子的尴尬声音尽量都不要发出来;

（2）西方人在就餐的时候基本上很少说话，他们的聊天时间基本是饭后甜点的时候才会开始，非常多的人都是一边吃甜点一边聊天，也有些边喝酒边聊，并且他们还有着非常低的声音。总而言之，在就餐的时间尽量少说话，你自然会变得很有教养。

（3）中国人喝汤要求不要发出声音即可，西方人也是这样的。在喝汤的时候不管发出来什么样的声音都是没有礼貌的，你没看到西餐厅总是很安静吗？所以要好好使用汤羹，记住舀汤的时候要由里向外舀，不要像中国人是由外向里舀。吃鱼和吃骨头都有特殊要求的，你要弄明白才好上手，要不然会非常难堪的，总之记住一条，不会用刀叉吃的东西，就暂时先别动手，静观形式，入乡随俗，实在不行的话就不吃这道菜了。

（4）在吃西餐的时候基本上都不会开手机，除非你有很重要的事情，而手机铃声都会很小，当你有电话的时候要向大家说"对不起"，然后起身出去听电话。在吃中餐的时候也同样适用这一条。

看过中西方就餐的简单礼仪有什么体会呢？是不是中国人更加的讲究一些，这种礼仪是以中国伦理规则为基础的，形式化地去表现和演绎，突出地宣扬一种"人际"的理念；西方的餐桌礼仪更突出的表现于"人和工具"的和谐应用，相互融合，从这点看来中国人比西方人更懂人情，而西方人也许更理性吧。

怎样才能养成良好的餐桌礼仪呢？

良好的餐桌礼仪习惯，是需要从小就开始培养的。下列几点，是为人父母者应该和儿女互相沟通的事项：

（1）在餐桌上保持良好的坐姿。告诉你的孩子："你坐在餐桌上的时候，身体保持挺直，两脚齐放在地板上，仪态看起来很不错。"当然，这根本不是要求他在餐桌上必须像军校的学生一般，腰挺得和枪杆一样笔直，不过也不可能像布娃娃一样，弯腰驼背地瘫在座位上。

（2）暂停用餐时，对于双手的摆放可以有多种选择。你可能喜欢把双手放在桌面上，以手腕底部抵住桌子边缘；或者你可能喜欢把手放在桌面下的膝盖上。双手保持静止不动，在同桌的人看来，或许比用手去随便拨弄盘子里的食物和玩弄自己的头发要好得多！

（3）吃东西的时候手肘不要在桌面上压着。在上菜空档，把一只手或两只手的手肘撑在桌面上，这样并不会影响你的素质，因为这是正在热烈与人交谈的人自然而然会摆出来的姿势。不过，在吃东西的时间，最好还是手肘离开桌面。

素质高低，显于公共场所

可以最好的体现一个人高素质的场所就是公共场合，在这里，没有对你进行监管的人，一切都是靠自己的自觉来进行维持，一个人的自觉性和良好的素养就可以在这样一个环境中非常好的体现出来。

公共汽车上。有非常多的人在单位的时候表现得"人模人样"，但是，只要一在公共汽车上，就像脱了缰的野马，把各种各样丑陋的样子都表现了出来。

目前国内的现状决定了在公共汽车上都是很"团结体贴"的。所以，就必须能够做到自我约束，互敬互让，常把文明用语挂在嘴边，这样会避免非常多没有必要的摩擦。那些因为踩脚、碰人没说句抱歉的话而引发的"战争"，这样会让人觉得你既没有教养又非常的无聊。

作为年轻人，应该主动将坐位让给老人、儿童、孕妇以及病人，而不是当看到要让座的时候，赶紧闭上眼睛装作"已然入仙境"，把自己翩翩的风度也给丢失了。有的人知道把瓜果皮壳扔在车内是非常不应该的，却顺手从窗口扔出去，这同样也是没有素质的行为。

其实，每辆车上都应该有垃圾箱，完全可以多走几步把垃圾扔进垃圾箱里。

下雨天要乘车的时候，请带好伞袋，上车时应该把伞放进伞袋里面。

当在公共汽车上提较大的包或袋子的时候，应该和别人尽量保持距离，以免碰到别人，尤其是当你在别人后面走的时间，碰到别人的脚后跟很容易使人摔跤。

如果穿着长大衣或风衣，上下车或楼梯的时候，一定要把衣服提起来，防止让走在你后面的人不小心把你的衣角踩到，而让你摔倒。

我们介绍一个在公共汽车上体面获得座位的方式。一般的汽车车票会因为里程数不一样有着不一样的颜色。座位上乘客的车票颜色你可以注意下，谁的里程最短，你就在谁的旁边站着。

乘坐其他交通工具。不论在公共汽车上、火车上、地铁或是飞机里，文明的表现就是保持安静。公共场所排队等候是必要的。

坐火车时，较大行李应放在行李架上。在座位上，假如把鞋子给脱掉了，伸出脚搁在对面座位上，这样做自己肯定是非常舒服，但这样很不雅观，对于对面的乘客来说也是非常的不尊重，尤其是一些乘客的脚有异味时。

在车厢里应自觉保持安静，不要大声聊天。

要自觉把废弃的物品放在垃圾箱里。阅读后的报纸或杂志要整理好，不可以到处乱扔。

有吸烟习惯的人，应该去列车的吸烟区或两节车厢间的过道去。

坐飞机时，登机坐下来后就要系好安全带，等待起飞。飞机上的一切规章制度都要遵守。比如上厕所，在飞机起飞、降落之前应该解决。

用餐时要将座椅复原，吃东西的时候声音尽量轻一点，少喝酒多喝水这样对你的身体也有好处。另外要等飞机完全停稳后，然后再拿着自己的行李按着顺序排队走出去。

乘出租车的时候，在刚刚上车的时候，应该先和司机确认好要去的具体地点。要注意保持车内的整洁。如果制造了垃圾，要自觉用袋子装起来准备扔到垃圾厢里，而不要扔到车窗外。

除了上面的公共场所以外，办公室的礼仪也是需要我们注意的。

在办公室进行沟通的时候，哪些礼仪习惯是我们要注意的呢？最重要的一点是，你要对他人，包括你的同事、上级和下级，表现出你对他们的尊重，尊重他人的隐私，尊重他人的习惯。我们应该如何注意办公室礼仪呢？

（1）分清公共区域是在哪，个人的空间在哪。

（2）工位的整洁。在办公室中要保持你的工位整洁、美观大方，不要陈列太多的个人物品。

（3）谈话声音和距离的控制。在和他人进行电话沟通，或者是面对面沟通的时候，应该适当的控制好自己的音量，只要彼此两个人可以听到就行了，以免打扰其他人的工作。哪怕当电话的效果不好时也应该这样。

（4）应该尽量避免在办公区域用餐。有些公司员工中午是在自己的工位上就餐的，这不是一个良好的习惯。我们应该尽量避免在自己的工位上进餐。在确实没有办法的情况下，尽量节省时间，或者就餐完毕之后迅速通风，来保持工作区域空气可以非常好的流通。

办公室内物品设置的礼仪规范

1. 办公室定置标准

（1）各职能部门办公室要统一绘制物品摆放定置图，并在办公室门后或室内墙壁上将图贴上。

（2）物品要按定置图的编号顺序依次摆放，做到整齐、美观、舒适、大方。

（3）在办公室里面，和自己工作没有关系的物品，应该把它全部的清除掉。

（4）文件资料柜要贴墙摆放。

（5）安排值日，轮流负责卫生清扫及检查物品定置摆放的情况。

2. 办公桌定置标准

（1）定置要分门别类，分出哪些物品是常用的，哪些物品是不常用的，哪些物品是天天用的；

（2）物品摆放部位要体现顺手、方便、整洁、美观，这样可以把工作效率提高；

（3）办公桌设置摆放要有标准定置图，和工作没有关系的物品要放在办公桌外面，尽量远离办公桌；

（4）桌面定置的要求：台历或水杯、电话等在中上侧摆放；文件筐（盒）、等待处理的管理资料在右侧摆放；需马上处理的业务资料在中下侧摆放；有关业务资料在左侧摆放；

3. 工作椅定置标准

（1）人离开办公室，座位原位放置；

（2）人离开办公室短时外出，把座位半推进去；

（3）人离开办公室，超过四小时或休息，把座位完全推进去。

4. 文件资料定置标准

（1）文件资料的摆放要合理、整齐、美观；

（2）各类资料、物品要编号，摆放应符合定置图中的要求，做到号、物、位、图相符；

（3）定置图要贴在文件资料柜内；

（4）保持柜内清洁整齐，随时进行清理、整顿。

办公室社交场合8大禁忌

刚进入办公室的小姐在工作中不可避免的要出入各种社交场合应酬，要给人留下美好印象，风度仪态也是需要注意的！以下是社交场合切忌出现的8种表现，小姐们可千万要注意，千万不可以因为一些小动作把你的形象给损害了。

1. 不要耳语

在众目睽睽之下与同伴耳语是很不礼貌的事，耳语被视为不信任在场人士所采取的防范措施，不仅会把别人的注视给招惹过来，并且还会让人对你的教养有所怀疑。

2. 不要失声大笑

尽管你听到什么"惊天动地"的趣事，在社交宴会也要保持仪态，顶多报以灿烂笑容即可，要不然大家都会笑你了。

3. 不要滔滔侃谈

切忌忙不迭向人"报告"自己的身世，或者向对方非常详细的打探，要不然就要把人家吓跑，或被视作长舌妇人。

4. 不要说长道短

饶舌的女人肯定不是有风度教养的社交人物。若在社交场合说长道短，把别人的隐私揭出来，别人肯定会对你非常的反感，让人"敬而远之"。

5. 不要大煞风景

参加社交宴会，别的人都希望看到一张可爱的笑脸，所以，比较忌讳非常低落的情绪，表面上应笑容可掬，与当时的人物、环境进行周旋。

6. 不要木讷肃然

面对初相识的陌生人，可以从刚开始交谈不是很重要的几句话开始，如果一直坐着一句话也不说，一脸严肃的表情，与欢愉的宴会气氛便格格不入了。

7. 不要在众目下涂脂抹粉

在大庭广众下扑施脂粉、涂口红都是非常没有礼貌的，假如你想把脸上的妆修补下，必须到洗手间或附近的化妆间去。

8. 不要忸怩忐忑

在社交场合，假如发觉有人注视你——尤其是男士，你在表面上也要表现的非常的从容、镇静。如果你和对方见过几次面，你可以自然地与他打个招呼。假如你们从来没有见过面，你也不要忸怩忐忑或怒视对方，你可以非常有技巧的避开他的视线。

惯于吹牛，危害不可小觑

在我们的身边应该常常见到一些吹牛的人吧！那些爱吹牛、爱说大话的朋友，似乎这些朋友一天不讲几次大话，就过不成正常的生活一样，但是你是否知道为什么这种人总是要说大话吗？

英国的专家研究表示，逾八成人承认，几乎每天就会说一次大话。究竟吹牛背后隐藏着怎样的动机呢？某心理咨询中心的专家解释：喜欢吹牛的人是因为他的心理造成的，有些还是病理表现。

有两种因素是大话的原因，就是补偿自我的需要和降低焦虑的需要。"有些人喜欢夸大自己的能力和身份"。如果一个业务员总是说自己的客户很大，老板很关注他，但这些并不属实。这属于是一种自我安慰心理。"这时吹牛既是为了弥补落差，在心理上达到理想自我的境界，同时也是为了展现自己让别人来关注自己的意思"。

人们通过一些大话来提升自信、降低内心的恐惧和焦虑的典范，其中有一个很好的例子就是二战期间美国的麦克阿瑟将军。在战争中，德国空军的一颗炸弹在他附近爆炸，警卫问他怎么在那时候没有躲避。他说："希特勒永远造不出来能将麦克阿瑟炸掉的炸弹。"这种大话也被称为"正常的大话"，它可以得到心理上的胜利优势，在故意看低对方的时候，为自己降低了情绪压力。

假如是刻意的表示，这样就可能是因为病理原因，他自己不知道说的是什么。一个男孩逢人就说自己要超过比尔·盖茨了，之后才知道原来他得了轻度躁狂症。人患上了轻度躁狂或处于精神分裂症刚开始的时候，大脑中一种叫多巴胺的神经递质处于不正常的活动状态，这样就促使了他亢奋、不知疲倦，自己认为自己能力很高。"这种不正常很容易识别，假如他们的吹牛非常的不着边不合实情的话，就该带他们去精神科检查了"。

不管是为了什么吹牛，很多的时候都容易影响心理健康及人际关系。一方面，惯于吹牛让真实的自我越来越小，虚假的自我越来越大，就会很少注重事实现象的发生，所以难以成功。此外，尽管吹牛在短时期能够得到别人的尊重，可一旦牛皮被戳破，他们就会认为你戏弄了他们，就会远离你。

吹牛习惯的改变不是一朝一夕就完成的，王国荣建议，爱吹牛的人要从自己擅长的小事做起，看清自己的水平，不高估，也不看低。

做文明之人，行文明之事

我记得有人曾经这样说过："人，一撇一捺，写起来是很容易的，做起来却非常的困难。我们要经常性地思考，我在做什么，我做得怎样，什么样的人是我想要成为的。"做怎样的人，自己的答案在每个人心中都会存在，但在每一个答案的背后都有一个基点，那就是，假如做人的话，首先就要做一个有教养的文明人。

做文明之人，就要会用文明语，做文明事。简单一点讲的话就是要懂得礼貌、明白事理。中国素有"礼仪之邦"之称，中华民族的传统美德就是礼貌待人。生活在幸福时代的我们，假如没有继承和发扬这种优良传统，就没有办法做一个真正快乐的人。"良言入耳三冬暖，恶语伤人六月寒"，大家一定要把这句俗话记住。最容易做到的事就是文明礼貌，同样，生活里最重要的事也是文明礼貌，它比最高的智慧，比一切的学问都重要。礼貌经常可以替代最珍贵的感情。礼仪在同学之间也是离不开的，它就像润滑油，使粗糙的摩擦消失，假如有矛盾的话，需要常常的进行自我反省，互相理解、宽容待人。

那么，怎样才能成为有教养的人呢？让我们从以下几个方面去努力吧。

首先，应该把个人的仪容仪表、仪态举止、谈吐、着装等注重起来。从仪容仪表说，要求整洁干净：脸、脖颈、手都应洗得干干净净；要按时的去理发、并且还要常常清洗；指甲经常剪；口腔卫生也要注意，口香糖不要一直咀嚼；要常常洗澡、换衣服，把身体上的异味消除掉。

从仪态举止说，要从站、坐、行以及神态、动作等方面对自己进行严格的要求，古人对人体姿态曾有形象的概括："站如松，行如风，坐如钟，卧如弓。"优美的站姿会给人挺拔、精神的感觉；要有端正挺直、大方得体的坐姿；走路的时间要抬头挺胸，肩臂自然的进行摆动，步速适中；对人的尊重、理解和善意要从表情神态中体现出来，面带微笑；谈吐要态度诚恳、亲切，使用文明用语，简洁得体。要有干净、整洁、得体的着装，符合学生身份，把新世纪学生蓬勃向上的风采体现出来。

其次，注意公共场所礼仪。在学校、教室、宿舍等场所的礼仪是公共场所的礼仪，还有走路、问路、乘车、购物等方面。校园礼仪十分重要，在教室和宿舍，要遵守公共秩序，不能大声喧哗。对老师的教学影响非常大的是课堂礼仪，它直接关系着一个班的荣誉与凝聚力，这个班的班风班貌也是从这里体现的。上课时要提前到教室进入准备状态，课堂上要积极配合老师搞好教学活动，下课后的休息时间，不随地吐痰、乱扔纸屑，不拿粉笔头随便玩，上下楼梯一律右行，见到老师和客人，要主动问好，不可以当做没有看到。另外，我们还应该爱护花草树木和一切设施，不穿越绿化带。服从老师管理和接受值日生文明监督岗及其他人的批评、劝阻。老师帮助你时，应主动诚恳地说"谢谢"。

朋友们，文明礼仪就在我们的日常生活之中，就在我们身边。让我们大家都提高自己的礼仪意识，重视礼仪，把自己的不足发现，把不讲文明礼仪的行为及时的改正。只有这样，自己才可以把文明礼仪习惯慢慢的养成，成为有气质、有风度、有教养的现代文明人。

良好的礼仪习惯不仅能给人生带来快乐，并且还可以让一个人向成功走去。从外表上看，礼貌是一种表现或交际形式，从本质上讲，我们自己对他人的一种关爱之情是礼貌所反映出来的。所以，源自内心的才是真正的礼貌。

为了拥有一个良好的文明习惯和礼仪，我们要从小就培养并注意这方面的行为。

一位妈妈好不容易把孩子培养成了学习上的佼佼者，只有一个不足的就是孩子从小就不修边幅。但是，这根本妨碍不了他的妈妈为他感到自豪。孩子从小就是个学习尖子，不仅考上了北京一所高校，而且在学校里自己补习英语，计划去国外留学。大学毕业的时候，托福考试和GMAT考试孩子也顺利的通过了。

就在面试合格，顺利的把各项手续都办了下来，只等签证就可以实现他的留学梦的时候，意外的事情发生了！

那天，妈妈陪着孩子去办理签证，孩子的心情非常激动。当听到自己的名字的时候，孩子高兴地站了起来，站起来的同时，孩子不自觉地咳了一声，同时往墙角吐了一口痰。细心的秘书小姐把这个细小的动作看到了。秘书小姐走进办公室，在一位官员模样的人耳边轻声地说了几句话。

当这位孩子走进办公室的时候，那位官员对他说："对不起，我们很遗憾地通知您，您的成绩和能力虽然都非常优秀，但是，综合素质方面还有些欠缺，签证我们是不能给您的。"

"综合素质？"这个孩子非常的意外。

官员说："是的，我们认为，一个人的成绩和能力虽然很重要，但是，综合素质是更加重要的，它能体现出一个人的品质。这项考核我们是非常注重的，事实上，有很多的人都是因为综合素质考核通不过而没有把签证拿到。"

这位孩子有些沮丧地出来了，而妈妈这时已经明白，孩子没有拿到签证是因为他刚才不文明的行为。

处理人与人之间关系不可缺少的规范就是讲究礼貌。人与人之间互相观察和了解，基本上都是从礼仪开始的。一个举止优雅、彬彬有礼的人，是非常容易交到朋友和找到工作的。正像是一位哲人所说的那样，那些明智的和有礼貌的人们，他们都是非常谦虚谨慎的，从不装腔作势、装模作样、夸夸其谈、招摇过市。他们正是通过自己的行为而不是言语来证实自己的内在品性。

一个有教养的孩子必须有良好的文明礼仪，这样的孩子人们也会非常的欢迎他，也就是心理学上所说的"被众人接纳的程度高"。要从小培养文明礼仪，形成一个非常好的习惯。

有些家长认为，现代社会是个自由的社会，文明礼貌懂不懂一点关系都没有，只要学习好、有真本事就行了；还有的家长则会这样的认为，小孩子天真无邪，长大了就会懂得文明礼仪的。其实，这都是误解。一方面，需要从小就培养孩子的文明礼貌，要不然就会形成非常坏的习惯，只要这些坏习惯形成了，如果再想改掉的话就会非常的困难；另一方面，越是懂礼仪的孩子，越能获得自由发展的广阔天地，因为别的人会尊重和欢迎他。可以看出，文明礼貌始终是孩子应该养成的好习惯。

那么，应该怎样来培养孩子讲礼貌的习惯呢？以下的建议可以作为您的参考：

1. 为孩子树立榜样

（1）父母是孩子的榜样。对孩子最生动、最有效的教育就是父母良好的行为举止。父母应该利用家里来客的有利时机提醒孩子，并且给孩子做出一个非常好的榜样。

7岁的明明在接待家里的客人时没有运用礼貌用语，聪明的妈妈没有当场在外人面前指责孩子，因为她知道批评和指责往往会造成孩子的逆反和不服心理，并且这样的做法也非常的不礼貌。但是，这件事并没有被这位妈妈忘记，等到客人都离开后，妈妈把孩子叫到身边，温和地对他说："明明，妈妈发现你对刘叔叔讲话时，没有运用礼貌用语，这是不对的。当叔叔送礼物给你的时候，你应该说'谢谢叔叔'，你说是不是？"明明有所醒悟地说："哦，我忘记了，对不起，妈妈，下次我一定会注意的。"这样，妈妈通过在事后提醒教育孩子，让孩子明白自己的错误。

（2）用形象感染增强孩子讲文明礼貌的自觉性。在平时的时间，家长可以搜集一些名人、伟人讲文明礼貌的故事给孩子讲着听，强化孩子的文明礼貌意识。日理万机的周恩来总理，为了党和国家毫不保留地奉献了自己一生的精力，但他从不以位高自居，他也非常尊重别人的劳动，对身边工作的人同样如此，服务员给他端茶送水，他一直都是用双手把它接过来，然后笑着说："谢谢！"警卫员和厨师还有医护人员也经常听到总理亲切的话语："辛苦了，谢谢！"赵行杰被调到总理身边当卫士，第一次见面总理拉着小赵的手，高兴地说："好啊，欢迎你来帮助我工作。"受人尊重的伟大人物还有很多，以礼待人是他们都很注重的，并且还受到了人们的敬仰。

2. 培养孩子的文明举止

现在的社会，有非常多的孩子都是独生子女，不管走到哪儿都很受关注，所以，家长关心的话题就是孩子大方得体的举止应该怎么培养。

（1）在学校里，做文明学生。学校是培养孩子文明习惯的重要环境，例如，上学和放学的时间要主动和老师同学打招呼问好；课堂上集中精力专心听讲；参加活动要遵守纪律；同学之间不可以随便的起绰号；对于小同学要给予自己的帮助和照顾。学校的一些制度、规定要求很明确，家长可以通过学习指导孩子按要求去做。

（2）在家庭中，做得力帮手。

① 就餐时，要先请长辈坐到合适的位置上，主动收拾碗筷，也要注意用餐的卫生情况。

② 与长辈讲话应该谦虚、恭敬，与长辈说话要分清辈份，而且还要准确称呼，不能说"哎、喂、老太太"等，注意使用"请问"、"您"、"可以吗"等礼貌用语。说话要爽快，不能心不在焉，和长辈顶嘴也是不可以的。

③ 招待客人，首先要主动向客人问好，帮客人拿拖鞋、倒水、让座，假如大人之间有事情要说的话，孩子就要主动退出，不可以在一边插话，缠着父母。

（3）在社会上，做合格公民。比如，买东西，可以称"售货员叔叔或阿姨"，在选购商品的时间，也要非常客气的说话，乘车主动排队，假如有行动不便的人，要主动为他们让座。

在生活中，家长随处都要留心，把孩子的教育培养重视起来。待人接物上也要注意一些问题，首先要热情、有礼貌、见到熟悉的人应主动问好，比如"您好"、"阿姨好"等。另外，语言要文明、有分寸，礼貌用语应该多用一些，不说脏话、粗话、对长辈更不指名道姓。生活中，孩子需要注意文明礼貌的地方是非常多的，家长们要经常注意引导，让孩子变成一个讲文明懂礼貌的人。

3. 需要注意的几个问题

（1）要循循善诱，积极引导。对孩子的培养教育就像精雕细刻一件工艺品一样，要充满爱悯和信心，孩子的身心成长过程有一段时间，家长不可以过于急躁，急于求成，可以多参看一些有关家教方面的书籍，掌握方法，只要坚持下去，最终会水到渠成。

（2）正确对待孩子的失误。孩子有了错误经过教育改正后，有的时间，孩子也会有反复行为出来，家长不能因此而抱失望态度，也不要采取打击挖苦的态度，比如说："你就这个样了，怎么教育也没用。"这样，会让孩子对自己失去信心，对于家长今后的教导也是不利的。要持久的采取正面态度，多鼓励、多表扬、抓反复、反复抓，只要耐心教育，就会让孩子慢慢的养成文明礼貌习惯的。

（3）对待不讲文明礼貌的人的方法。教育孩子不能以牙还牙，而是对这种人进行开导，让文明的言行去感染别人，进而把一种人人以文明为荣的良好风气形成。

总而言之，家长要把培养孩子文明礼貌的习惯当成一项义不容辞的责任，耐心培养，使孩子从小成为一个讲文明懂礼貌的人。

口头禅有好坏，需适时去改正

口头禅原指和尚常说的禅语或佛号，后来变成指经常挂在口头上而无多大实际意义的词句。其实，口头禅是来自于生活的，生活元素含在里面的非常多，正在慢慢的变为一种非正式的语言文化，不同民族、不同地域、不同个体、不同性格、不同年龄、不同文化的人口头禅都是不一样的，同时口头禅也有地域性和群体性，它们具有相互感染和流行的特点。

在生活中，有的口头禅诙谐幽默，可以让人发笑；有的则在一定程度上可以帮助表达，缓解思维与语言的衔接；而有的口头禅则显得多余，甚至还会让人感到非常不快乐，例如，有些人就喜欢说"我靠……"或者是"我操……"这样的话语让人听起来感觉非常差。所以当我们发现自己习惯把一些不好的口头禅说出来的时候，就要适时的去加以改正。

口头禅在很大程度上可以说是一个人的一种说话习惯，一直在人们没有意识下顺嘴而出，尤其是在和别人第一次见面说话的时候，这种口头禅只会使别人拉低对我们的印象，这在公司之间的谈判上更会使我们处于劣势。

一直以来，我感觉自己的工作都非常的出色，也取得了不少的科研成果。但是总也想不明白，我们科在选举主任的时候，我的名字竟然没有出现在候选人名单中；在领导推荐优秀人员参加科研组织的时候依然没有我的名字……

我去找上司提意见，没想到上司吃惊地看着我："你不是不喜欢科研工作吗？"我生气地说："可是我取得了很多成绩呀？"上司笑着说："可是，我们觉得一个人只有在他的工作中切实感觉到开心了，才可以非常好的进行工作，才能取得更大的成绩。所以，我们以长远的目光来看待问题，挑选的都是有恒心、有毅力的同志。或许你现在有着非常优秀的成绩，但是，长期做科研你是不是可以一直坚持下去，还是我们需要考虑的问题。"我急了："谁说我不喜欢？谁说我坚持不下来？"上司满脸惊讶地说："那不是你自己吗？你记得你第一次完成一项科研成果的时候，我问你感觉怎样？你说'没劲'。"我一愣，兴许我是这么说的！

上司接着说："我也一直很看好你，可是每次你都说'没劲'，久而久之，我就对你失去信心了。一个人如果感觉自己的工作每天都没劲，怎么能坚持下来一直搞科研呢？毕竟这是一个很辛苦的工作！"

我还有什么话可说呢？是我的口头禅害了自己呀！

还有什么可以解决的办法吗？只有亲自向上司澄清了。我认真地说："'没劲'只是我的口头禅，当说这句话的时间，我并不是真的感觉到没劲，而是我一种自谦的说法，一点都没有实质性的意思。如果我真的感觉自己的工作'没劲'，我早就辞职不干了，也不会到今天，更不会做出那么多的成绩来。为了把自己的决心和毅力表示出来，'没劲'以后我再也不说了，请领导考验我！"

后来我不仅把"没劲"这个口头禅改掉了，并且还取得非常多的成绩。上司开始器重我，并推选我去参加各种科研。后来上司告诉我，如果一个人可以在工作中体会到快乐，常常是可以坚持到最后的人，并取得非凡的成绩！这话我信！

因为口头禅既影响意思的表达，也给对方增加了接受和理解的难度，在一定程度上也把商务谈判的效果影响了，尤其是在谈判的过程中，或者是管理人员、节日主持人或行政人员的口头禅，它的消极影响就会非常的大。

口头禅是人们说话时，常常会不由自主的就出来的话，但并无多大实际意义的词句，可能是一个字，也可能是个语气词，有的会是一个小短句。

口头禅是生活中常见的一个习惯，它们反复的使用反映了语言的惯性，是有着很强的个性化和表现力。有什么样的口头禅，就能够反映出这个人的个性特征。只要注意观察，就很容易就从他人的"口头禅"中窥见一个人的内心世界。

在热播韩剧《加油，金喜顺》里，在每一个集中都会有"加油！加油！"这句话，它是剧中女主人公的口头禅，在每次遇到难题的时候她就会右手握拳屈臂，口中大声地喊"加油！加油！"从而来鼓励自己不要气馁，可以增强自信。

在人们遇到很多的一样的事情时，积累效应就会在他的口头禅中体现，就像是有人以前在生活中多次遇到见死不救、坑蒙拐骗的事，这时他就会在生活中习惯的说："现在的人啊，和以前没法比"这样的口头禅。

还有现在的很多人常常喜欢说"郁闷"一词，事实上也不是事事郁闷，处处郁闷，仅仅是由于人们的压力过大，想要通过这样的口头禅来舒缓宣泄自己的心理压力。

口头禅是一种习惯的、无意的话语，有时候会起来正面效果，有时候也会让人反感，让人心情变得不好。

高远是公司一名老业务员，他的能力很强。杨锐是新来的业务员，想让他快速的了解公司销售流程，早些进入工作状态，所以公司就专门安排他跟着高远学习一段时间。

杨锐这个小伙非常的聪明勤快，很快就能独立去谈业务了。一次，他花费了很长的时间终于谈下一个大客户后，非常高兴，就忍不住想跟高远讲讲，就想让他夸奖自己一下。

杨锐非常高兴的见到高远后，说："昨天我终于签下了一个大客户。"

"真的？你还真行，很辛苦吧？"

"是呀，我想了很多的办法，一直陪他应酬周旋，用了我很多的时间。"

"真的？这个客户的确是很难缠，你是怎样才说动他的？"

"我是……"

"真的？"

原本杨锐是想得到高远的肯定，夸奖自己一下，但是高远在每句话开头都加了一句"真的"让人听起来很不舒服，就感觉他很不相信自己的能力一样。

但是，这个"真的"只是他的一个习惯用语。但是，通过这个口头禅，也可以看出，高远是个对什么事都喜欢产生怀疑的人。一些口头禅是会让人产生不好的感觉的。

下面这个例子，就是口头禅的正面效果的典型：

大明的人缘在公司里还是非常的好的，他惯用的一句口头禅"呵呵，还好"，就会无意识的让人心情变好。

一天，刘丽非常劳累的跑到了办公室，喘着气说"好险，8:59才打上卡。我今天比平时早出门一会儿，下车后一阵狂跑，就快要迟到了！这都是那个公交司机的错，开个车磨磨蹭蹭。"

大明听后，笑着说"呵呵，还好！你也没有迟到，那位司机可是为您算好了时间，要不然再等一分钟你就迟到了。"

刘丽听后就想开了,笑着说;"也许是吧,我就当是跑步锻炼身体了。"

"呵呵,还好"是大明常挂在嘴边的口头禅。每个人心情不好的时候,可以为他人带来温暖,让人心情有所好转;如果是遇到好事了,就更能锦上添花,让人更加开心。

他是公司公认的开心果。他的这句口头禅不仅给大家留下深刻的印象,我们也可以看出,他是个性格开朗、处世活络、为人谦和的人,能够左右逢源,这样的人是会得到大家的喜爱的。

还有人习惯的会发出"哧"的音。这个"哧"字,充分体现了这个人轻蔑的态度。在说这个字的时候一般脸上是带笑不笑的样子,而且目光斜视,一幅看不起人的样子。

王静是位部门经理,本来她是办事很聪明的人,只是有一个不好的习惯,下属犯错时,她常会习惯性的发出一声短促有力的"哧"。并且在这时候,她的眼光总是斜视的,满脸都是轻视。在这个时候,不用她有太多的言语和动作,员工就知道有人倒霉了。

对于那些有骨气的员工,一定就会在心里想:"哼,你有什么了不起的,我们要是什么都会,还要你有什么用呢?"并且狠狠地横她一眼;但是遇到那些胆小的员工,在她还没有说之前在心里就颤抖了一下。

在我们的生活中就有很多的口头禅,下面就介绍几种最常见的。

常常会听到一些人无意识的发出"啧、啧"声。这个字有两种含意,一种表示佩服,但这种佩服并不是发自内心的服气,其中也会有一些谄媚的意思;另一种则仅是一个铺垫、一个引子，此人满脸得意，"啧、啧"两声之后，这时就属于是一种自我的夸奖或吹捧。

对于那些常常说"呀"、"啊"、"嗯"、"这个"、"那个"的人，一般思维慢、反应较迟钝、词汇量小，说话时需要停顿来思考；但是有一些故意带这些词的人，则是很有城府的人。

习惯说"据说"、"听说"、"听别人讲"的人，这种人通常处世机智圆润，办事时会时刻考虑为自己留个台阶；也可能是有着很多的见识，但缺乏决断力的人。常使用这类口头禅的人，从心理上，是为避免日后被对手抓住把柄而无路可退，所以事先自己的话不说的太死，留一些余地给自己。

习惯说"不过"、"但是"的人，他们一般具有进攻性且观点鲜明。往往这些词都是没有使公众的情绪得到平衡，不招致公众的攻击，而且这样话的内容是客观、委婉的。从事公关的人常有此类口头禅。

习惯说"必须"、"应该"、"一定要"、"一定会"的人，这种人在做事方面比较冷静、理智，自信心极强。对于那些一直是领导级的人来说，此类口头语会用的较多。有时候，"应该"出现的多了，也可能说明他存在着动摇的心理。

习惯说"说真的"、"不骗你"、"老实说"、"的确"的人，主要是为了特别强调事情的真实性，想让对方相信自己的所见所想或看法观点。这种人性格有些急躁，内心常有不平。这种人非常的在意对方对自己所陈述事件的评价，害怕他人会误会自己。

喜欢说"绝对"的人，属于以我为主的人，比较主观。此类人不是自知之明太强烈，就是没有自知之明，因为他们常常在做事的时候会主观臆断，十分草率。

习惯说"或许是这样"、"可能是吧"、"大概是如此吧"的人,可以冷静的处世,自我防卫意识较强,一般是不会把自己的想法让别人看到的。从事政治的人就会经常的使用这样的口头掸。

喜欢说"随便"的人,对方和你比较熟的话,则表明这个人比较随和,而且是个生活中缺少主见的人;如果对方与你不太熟识,就属于是一种客气的表现。

习惯说"他妈的"、"靠"的人,不是所受到的教育水平低,就是他本身的素质铰差;对于那些文化程度相对高的人,有时候常用这样的口头语,则是直率性情的反映。常用这类口头禅的人脾气火暴,是急性子的人,他们做事很冲动。

有的人说话总是带有"新潮流行语"的人,对新事物的接受能力较强,他们喜欢随大流,喜欢赶时髦。不过,这类人很难在压力之下,保持自己的观点,独立意识可能较差。

我们的生活中,很多的人都是有着自己独特的口头禅的,管理者如果能够了解口头禅所反映出的人性特征,在招聘人才和使用人才时,可以注意观察他们的一些关键语言来了解对方,这样就能够作出准确的判断与思考对应的应对方式。

那么,一些恼人的语言渣滓应该怎么去除掉,使你的商务谈判更纯洁、明快、流畅呢?

首先,要想好想顺再说。在没说话前,一定要想清楚、想通顺,尽量想得充分些、具体些。并且把要说的话认认真真的组织起来,不要一想到就说,说了半句再想,边说边想。

其次,说话要力求完整。平时说话,不说或少说半截子话,要自觉地养成把话说完整的习惯。这里的完整,句子中有主要的句子成分指的就是这里的完整。比如有人问你:"你周末去哪里玩了?"你不要简单地回答:"去农家乐了。"而应该用完整的句子:"我周末去茶店子的农家乐玩了。"这样的回答,虽然听起来有点麻烦，像老师要求小学生答问似的，但你长期坚持这样回答，对于提高你语言表达的完整性是非常有利的，对于你把口头禅改掉也是有利的。

你也可以多朗读、多背诵。有口头禅的人，平时要多读书，所谓"读"其实是狭义地"读"，不是默不出声的看，而是朗读。并且还要多去读几遍，直到读得很熟练为止，特别是一些句子比较长的文章，最好力求能够背诵一些段落。

另外，你还可以让别人帮助你、监督你。要知道，口头禅是长期的习惯养成的。自己说的时间往往是不自觉的。所以，你可以请求你的家人或长期工作的同事监督你，请他们一听到你说出了口头禅，就一点也不留情的把它指出来，自己再重说一遍。时间长了，就会慢慢的把你的口头禅改掉。

拖延症危害多，积极主动去根治

本来今天可以把工作完成，总喜欢拖到明天；有非常多的时间可以做事情，却总在最后期限才开工……经常这么做的人要小心了，或许你已经患上了拖延症，即"以推迟的方式逃避执行任务或做决定的一种特质或行为倾向，是一种自我阻碍和功能紊乱行为"。问题存在已是事实，我们应该怎么办呢？

1. 拖延症已成职场通病

"看着工作任务就心烦，能拖一秒是一秒，总是认为自己非常的忙，但其实没有可忙之处，等到期限快到的时间，尽管心里非常焦虑，但总想'再等一下'。"想起自己的拖延症，策划专员小黄很懊恼，本来可以尽快把活动策划完成的，但是，只要他一面对电脑，各种新闻资讯、电影视频或游戏就会把他给吸引住，就这样把一个下午给消遣过去了。

有非常多的人认为拖延症已成为职场人的一个"通病"。某网站上一个叫"我们都是拖延症"的小组，其中，有53000多人都是里面的成员，别的大部分都是职场上的人。另外，在微博上输入"拖延症"搜索，有关讨论超过30万条。"布置给我的双休日任务我还一点都没动呢？怎么办呀，这东西两个工作日还不一定能搞掂，我只有半天多的时间了。"网友"溜溜aka"把自己的行为归结于"该死的拖延症"，说只有在晚上加班工作。而网友"Vivienne大王"也深受其害，称自己对着电脑根本就不愿意工作，不是玩微博就是网购，有着非常低的工作效率。

2. 网络是罪魁祸首之一

伴随互联网的发展，人们在网络上花的时间正在慢慢的增多，所以会分散很多人的注意力，部分人的拖延症便由此而生。

"打开电脑，聊天、浏览网页、玩玩游戏或看下视频，还没有开始工作，半天就过去了。"这是平面设计师小周的拖延表现。有同样经历的也有非常多的职场人，这部分人的日常工作基本上没有电脑是不可以的，启动电脑、登录网络差不多都是每天工作的开始，却常常被网络信息"诱惑"，进而把该做的工作推后、拖延。

根据职场人反映的，信息量庞大、更新换代快、没有时间限制、可供消遣娱乐或打发时间的网络已成为不少职场人逃避工作的借口，被职场人认为是"拖延症"的罪魁祸首之一。

3. 不自信易产生逃避心理

"从心理层面分析，部分人对工作能力不自信是导致拖延行为的一个重要原因。"某心理辅导协会的专家认为，曾经遭遇过重大挫败，对自己不够自信的人，就非常容易产生逃避心理，常以疲劳、状态不好、时间充足等借口来拖延工作进度。

心理辅导专家认为，这部分职场人实际上非常在意其他人是怎么看自己的，他们更希望别人觉得他时间不够、不够努力，根本不是没有能力。

4. 任务重复缺乏工作动力

"日复一日的工作，工作任务经常重复、没有挑战性，自己一点都不能把控，必须去做。而你做起来觉得没有新鲜感或满足感，时间长就容易出现懒散、拖延的情况，这属于动力问题。"心理辅导专家表示，工作拖延表面上是没有足够的意志力，事实上没有足够的动力。"不喜欢的工作也一定要做，那就等非做不可时再做。"

另外，拖延还与个性有关，例如，自我控制的能力非常差如自我控制力差、做事随性、优柔寡断或完美主义者，也是非常容易出现拖延的。

5. 恶性循环影响职业发展

据研究发现，20%的人认为自己是长期拖拉的人。虽然拖延症看起来是一种日常行为现象，有非常多的人根本不看重它，但它其实是自我调节的一个重要问题，若不防治拖延症，或许会造成非常严重的危害。

"越是拖延的人，其内心就越紧张，心理压力越大，思维和工作效率都会因此变得很低，工作成果也不好。"心理辅导专家认为，假如继续让拖延一直恶性循环的话，容易导致工作效率低、生活不顺利，还会影响工作效率和职业发展。

有两种人在这个世界上，一种是强者，一种是弱者。强者给自己找不适，弱者给自己找舒适。假如想要变得更加的坚强，强者的必备技能是一定要学会的，那就是让不适变得舒适。

你为什么没有变强？日思夜想要把自己变得非常强大，感觉自己百般努力却还是停滞不前？"拖了你的后腿"的到底是什么？别再埋怨现实太"骨感"了，你是最为根本的原因！当人在处理让自己感觉到不适的事情的时候，各种各样的借口与诱惑就会在大脑里面产生，会让我们选择比较容易的，令自己舒服的事情，我们所认为的拖延症就是如此。

其实，从生理上来说一种生物本能就是拖延症——"趋利避害"，面对自我定义为"不舒适"的事情，我们就会处于本能的逃避！虽然是这样，但我们依然可以克服拖延症。一位勤奋的艺术家为了不让任何一个想法溜掉，在他灵感产生的时候，他会立即把它记录下来——就算是在深夜里，他也会这样做。他的这个习惯十分自然、一点力都不费。一名优秀的员工其实就是一位艺术家，他对工作的热爱，马上就开始行动的习惯，就像艺术家把自己的灵感记录下来一样，非常的自然。

"现在就做"是避免拖延的唯一的方法。面对空白的纸和计算机屏幕很具有挑战性，最困难的工作就是刚开始的时间，但却必须开始。只要一开始，行动无限，结果多彩，令人可喜。

那些不去做现在可以做的事情，却下决心要在将来的某个时候去做的人，常常是心安理得地不会立即就采取行动，同时以并没有真正放弃决心要做的事情来寻求自我安慰。自己工作中拖延的现状他们并不满足，却又没有去改变，每天都生活在等待和无奈之中。他们回避现实，情绪非常的低落，常怀羞愧和内疚之心。这样的人，最后将会导致什么事都没有办好，使人成悲。

接到新的工作任务，就立即切实地行动起来。诸如"再等一会儿"、"明天开始做"这样的语言或者这种心理意念，在我们的心里一点都不可以出现。把自己的行动计划马上列出来，去做！从现在就开始。自己一直在拖延的工作马上就去做。这样一来，我们就会发现拖延时间，一点必要都没有，而且还可能会把自己一拖再拖的这项工作喜欢上，从而不想拖延，慢慢把拖延的烦恼给消除了。

很多人做事总喜欢等到所有的条件都具备了再行动，他们不知道，良好的条件是等不来的，万事俱备的时间在工作中是非常少的。我们不太可能等外部条件都完善了再开始工作，但就是在这种既定的环境中，就是在现有的条件下，我们一样可以把事情做的非常好！行动可以创造有利条件，只要做起来，就算是非常小的事，哪怕只做了五分钟，开端也是非常好的，就能带动我们着手做好更多的事情。

人最容易也最经常拖延那些需长时间才可以把结果显出来的事情，总会因为一些事情不管是大还是小，都不要放任自己无限期地去拖延。把一个完成工作任务的期限给拟定好，给自己加压，并且我们的期限还让身边所有的人都知道，让他们监督我们如期完成。

的确，立即行动有时很难，特别是在面临一件非常不愉快的工作或非常复杂的工作的时候，你经常会觉得不知道该从哪里开始做。但你不必总是选择拖延作为你逃避的方式，假如你感觉工作非常的复杂，可以运用切香肠的技巧来解决。所谓切香肠的技巧，就是不要把整条香肠一次性吃完，而是把它切成小片，慢慢的一小口一小口的品尝。同样的道理也可以用在你的工作上：先把工作分成几个小部分，分别详列在纸上，然后把每一部分再细分为几个步骤，可以让每一个步骤都在非常短的时间之内完成。

你在规定的期限里把一小段的任务完成，整体的难度不要去想。这样你会发现工作完成的速度，大大超出了你预计的速度，你也会发现，工作比你原来所想象的要更加的容易。而且，做不愉快的工作常常可以收到非常愉快的结果。换句话说也就是，至少在工作完成时你有一种奇妙的满足感。你可以轻松地说："我已打完了那个难以应付的电话。"或"计划已经完成了"。

需要注意的是，每次开始一个新的步骤时，不到完成，一定不可以从工作区域离开。如果一定要中断的话，最好是在工作告一个段落时。

有时，你拖延一项工作，根本不是因为整个工作会让你感觉非常的不快乐，仅仅是因为其中的一部分是你比较讨厌的。假如是这样的一种情况，就应先做你讨厌的那部分。拖延是把本来应该现在完成的任务，推到以后，把本来应该今天做的事情推到明天，推来推去就打了折扣，甚至有的还没有了结果。

周一早会上，老总把新的工作方案公布下来，交代秘书把会议记录整理好，第二天交给他。秘书想：明天交给老总就行，还是来得及的。于是，这件事一直被拖到了下班。晚上回家后，吸引人的电视节目开始了，她对自己说："一会儿再工作吧，先放松一下！"当把电视看完的时候，都已经到深夜了，她已经没有心情和精力去完成老总交代的工作了。

第二天早上，当她两手空空的在上司面前出现的时候，对于她的表现领导非常失望。

老总让策划人把策划案在下午五点前做出来，策划人认为还有好几个小时呢，没问题，手上还有别的工作，就先去做别的事情了，一直都没有动笔。

最后快到时间了，他一看来不及了，就草草的把一个策划案制作出来后交给了领导。领导看完，沉着脸说："你用心做了吗？拿回去重新写。"

不到最后一刻一定不会去动手做事，结果可想而知。

要想执行到位，就一定不能允许"拖延"的念头出现，只要想到了，就要去马上做，不要给自己找别的借口。

拖延在每个人身上都存在，但是放任惰性，逃避工作，最终会造成工作的拖延。一种恶劣的工作习惯就是拖延时间。可怕的精神腐蚀剂就是惰性，可以让人一整天都没有精神，对生活和工作都感觉到非常消极颓废。富兰克林曾经说过："懒惰就像生锈一样，比操劳更能消耗我们的身体。"萧伯纳也说过："懒惰就像一把锁，把知识的仓库给锁住了，使你的智力变得匮乏。"

恩科公司的总裁约翰·钱伯斯先生说过："拖延时间常常是少数员工逃避现实、自欺欺人的表现。然而，不管我们是不是拖延了时间，我们的工作都必须由我们自己去完成的。通过暂时把现实逃避，从暂时的遗忘中把片刻的轻松获得，根本的解决之道并不是这样。要知道，因为拖延或者因为别的因素而导致工作业绩下滑的员工，就是公司裁员的必然对象。"

总有一些惰性极强的人在现实生活中，对待工作他们非常消极，一点进取心都没有，不愿意参与竞争，有机会就偷懒，不勤奋工作。事实证明，这样做，到头来受害的只会是他们自己。

伦敦一家公司的基层职员是迈克，他的外号叫"奔跑的鸭子"。因为他总像一只笨拙的鸭子一样，在办公室飞来飞去，就算是职位比迈克还低的人，都可以支使迈克去办事。后来迈克被调入了销售部。

有一次，公司下达了一项任务：年度必须完成500万美元的销售额。销售部经理认为这个目标是一定不会实现的，私下里开始怨天尤人，认为老板对他太苛刻。只有迈克一个人在拼命地工作，到离年终还有1个月的时候，迈克已经把自己的销售额全部完成了。但是其他人没有迈克做得好，只把目标的50%完成了。

经理主动提出了辞职，迈克被任命为新的销售部经理。"奔跑的鸭子"迈克在上任后依然忘我地工作，他的行为把所有人都感染了，到年底的最后一天，他们竟然把剩下的50%也完成了。

没多长时间，该公司被另一家公司收购。当新公司的董事长第一天来上班时，他亲自点名任命迈克为这家公司的总经理。因为在双方商谈收购的过程中，这位董事长曾经光临这家公司很多次，"奔跑"的迈克先生给他留下的印象非常深刻。

"如果你能让自己跑起来，总有一天你会学会飞。"这是迈克传授给他的新下属的一句座右铭。

认真对待自己的工作职责，毫不拖延地投入工作，你就可以把奇迹创造出来，而在工作中一味拖延，到最后还是自己受伤害。

对工作任务的拖延，一方面会影响整个团队的工作进度，也会影响整个团队的最终成绩；另一方面，因为我们每天都可能面临新的任务、新的问题、新的挑战，一项任务的拖延，肯定会影响整个工作链的有序与及时，就好像滚雪球一样，拖欠的工作越堆积越多，越到后来越被动，就会非常困难的完成，有时还会影响到非常多的后续工作。

懒惰和拖延会导致一个人步入平庸，要想把工作中懒惰和拖延的坏习惯消除掉，唯一的方法就是当工作到来时，立刻动手做去，多拖延一分，就足以使工作难做一分。"要做就立刻去做！"这是成功人士的格言。只要是应该去做的事情，拖延着不立刻去做，留待将来再做，有这种不良习惯的人通常会慢慢变成生活上的弱者。搁着今天的事不做，而想留到明天做，把时间、精力在拖延中耗去，实际上，有这工夫早就可以把事情做好了。凡是有力量、工作主动的人，总是那些能够充满热忱地迎头去做的人。

每天有每天的事，今天的事和昨天的事情是不一样的，明天又有明天的事。今天的事应该在今天把它做完，不要拖延到明天！成功属于那些充满自信、充满热情、锲而不舍的追求者，他们全身心地投入，保持着高度的热忱，从不懒惰和拖延。他们知道，懒惰和拖延的结果只会导致平庸。

既然拖延症给我们带来的困扰一直这么多，那我们要想把这种症状根治需要怎么做呢？

首先，确立目标获取动力

"学会把工作任务融入人生的设计轨道，假如，今年希望自己在某方面突破一下，那就遵循这一目标去做，把一系列的作品或成绩做出来，进而可以有所提升。"心理专家表示，就没有办法把控的工作，主动变成可以把控，从个人思想方面来做调整，把自己对工作的要求转变，从中获取工作动力。

"制定工作要求或目标不能太贪、太多、太杂，建议去制定自己比较喜欢，并且可以胜任的目标,然后利用自己的各种能力、资源来达成。"心理专家称,有着非常重要的行动力,还要自我监督、让别人监督。

其次,自我增值丰富生活

长期工作会使人进入职业枯竭期,职场人应该自己树立意识进行自我增值,进行培训、学习,来把自己的能力提升,解决不自信导致的工作拖延。而针对过去有挫折的人,建议这类人把过去的缺点重新正视,并且想办法去克服,把自己的工作能力接纳,从而胜任工作。

另外,在工作之外,还要懂得如何生活,平时多些体育锻炼,和朋友多沟通,多参加旅游、看音乐剧等娱乐消遣,应该学会把学习和生活都好好的安排,形成良好的工作习惯,把拖延行为"戒掉"。

最后,持之以恒克服拖延

要克服拖延症,专家认为应该坚持执行四条计划:首先,意识到自己的拖沓;其次,一条条的把拖沓的原因写出来;再次,把这些原因一条条的克服掉;最后,付诸实践。

隐藏在
生活中的
心理学

7

在现在的社会里，应该如何生活才可以掌握好生存原则。你的负能量不要在生活中轻易的被别人看到，因为不会有人想要跟有负能量的人在一起。生活的尺度要好好的把握，要让自己的生活更加美丽，隐藏在其中的秘密就应该认得清清楚楚。

与人交往，要有度

所谓度就是保持事物质与量的界限，是事物质与量的统一。所以在人际交往中必须遵循适度原则。

第一，交往的广度要适当。既不可以太过于宽广也不可以太过于狭窄。过广则容易滥，过窄则容易形成小圈子，将会对正常的交往有所妨碍。第二，交往的深度要适当。对交往的对象、层次要慎重斟酌，有的浅交，有的深交，有的拒交，要心中有数，不能混淆。第三，要有适度的交往频率。那怕是非常好的朋友，也不可以有过从过密的交往，天天在一起难免会感到腻烦，只有保持适当的时间距离，对于对方来说才有新鲜感、愉悦感。第四，要有适度的交往的空间距离。就是在交往中要根据相互之间的关系亲疏、远近以及类型来调整空间距离。第五，在人际交往中要注意把握分寸、尺度，即使是老朋友之间也要做到说话有分寸，过头话不要说，非分的要求也不可以提，力求在交往中自己的言谈举止文明规范、合情合理。

处理人际关系，要讲究"适度"。"万物皆有其度"，待人接物不卑不亢、落落大方，可以把人的精神面貌和涵养表现出来。人不仅要正确地评价自己，尊重自我，也要正确地理解他人，尊重他人。适度的尊重自我有助于个人有效地适应环境，把安全感增加，养成自信、乐观和忍受挫折的能力。而过度的自尊就会表现为自命不凡，会把社会适应的难度增加。自尊感缺乏则会产生依赖、自卑、盲从、多疑、脆弱等心理障碍。讲究"度"就是讲究唯物辩证法，既要把自己的长处、优势看到，同样也要把他人的优势和长处看到；既要说明自己的为难之处，对于别人的为难之处也要学会体谅。必须以个人修养为基础，把个人的修养加强，在待人接物时，努力做到自信而不自傲，自谦而不自卑。

生活在社会中的每一个人都要同他人发生各种各样的关系，我们经常会受到各自的职务、心理特征的制约，所以应该具备一定的心理体验和反应。这种群体成员之间相互交往和联系的状态，称为人际关系。从社会心理学的角度说，它是主体双方寻求需要满足的心理行为表现。一种社会关系就是人际关系的本质，这种特殊的社会关系不仅把我们的心理状态影响了，而且对社会群体的社会实践也发生着非常重大的作用。正确处理人际关系，对于缓解紧张情绪，提高群体士气和工作效率，意义非常重大。

当我们拿花送给别人时，我们自己是首先可以闻到花香的；当我们抓起泥巴抛向别人时，我们自己的手也是首先弄脏的。一句温暖的话，就像往别人的身上洒香水，自己的身上也会有两三滴沾上。俗话说"良言一句三冬暖，恶语伤人六月寒"。

与人相处是一门学问，更是一门艺术。人际交往中我们一般最希望达到的目的是成为受欢迎的人。没有沟通，世界将会成为一片非常荒凉的沙漠。当我们置身在改革开放和市场经济的大潮中，与他人进行交往是每个人都避免不了的，每天也有可能遇到社交的难题。就好像一位著名的心理学家所言：一个人成功的因素85%来自社交和处世。但是在现实生活中，有非常多的人因为不能和别人和谐的相处而感到非常苦恼。那么应该怎样去建立良好的人际交往呢？

首先，我们应该非常大胆的与人相处，相处中产生的矛盾我们应该正确去对待。我们必须认识到，在与亲人、朋友、同学、老师乃至与所有人的相处中，有一些矛盾发生了，引发一些纠纷，都是比较正常的。牙齿和舌头有时都会"打架"，更别说一个个性格各异、喜好不同的凡夫俗子呢？有道是："金无足赤，人无完人。"在我们每个人的身上都是难免存在的。当意见分歧、利益冲突时，我们常常会把自己的缺点给暴露了，与对方斤斤计较、争执不下。矛盾、纠纷由此引起，融洽友好的人际关系也会因此蒙上阴影。处于这种状况，必定会给我们的学习和生活带来很大的负面影响。假如我们没有正确的看待，及时地化解，矛盾就会非常容易扩大，甚至会造成不堪设想的后果。反之，如果我们拥有亲密和谐的人际关系，就能如鱼得水，大大的提高学习效率。这样对自己对别人来说，都是一桩好事。

其次，要想把人际关系改善最为关键的就是：一是学会换位思考，把自己当别人。用平常的心态看待自己的得失荣辱，不因自己情绪的变化影响到人际关系；二是把别人当自己。一个人只有设身处地通过角色互换，才会善解人意地去急别人之所急、痛别人之所痛；三是把别人当别人。就是尊重别人，对于别人的隐私不去干涉，对于别人的个人空间不去冒犯；四是把自己当成自己。这意味着在自知的基础上把自尊和自信给建立了起来，扬长避短，和别人相处将会更成熟。

最后我们要做到相互信任、相互尊重。人与人的相处需要信任，误解和忧患的红娘就是多疑。人与人之间的信任是要把彼此之间的心扉打开，多一份信任，多一份诚挚，也就多了一个朋友，多了一个和睦相处的人。理解并欣赏别人的性格差异，赢得他人的尊敬。你也许在想："我也知道，按照你所说的所有方法向每个人表示尊敬是一件好事。但是，要想赢得别人更多的尊重需要怎么去做呢？"

你可以这样做：永远尊重别人。你越尊重别人，别人就越尊重你。你对自己的尊重会为把你所认识的人的尊重赢得，并且希望有一天赢得成千上万能认识你的人的尊重。要想做到就要在各方面都按最高标准来尊重自己和尊重别人。假如你连自己都不尊重了，任何人你都不会去尊重，自我尊重是底线。处世的哲学肯定有非常多，一个人只要可以做到"不说人非、不辩己是"，进而"扬人善事、隐人往恶"，一定可以结交非常多的朋友，积聚功德，这样一来也会把人生的旅途走的非常顺利，而不致于感叹世道坎坷，人间的路非常难走。所以为人处世的哲学有四点：

第一、不说人非，是厚道；

第二、不辩己是，是高见；

第三、扬人善事，是结缘；

第四、隐人往恶，是修德。

罗斯福说：成功公式中，与人相处是最为重要的一项因素。人是中心点，一切都要围着人转，因此，人是非常重要的，非常重要的也是人际关系。马克吐温说过："可以说人的不是，不可以伤害人的自尊；可以公开赞美，在私下里千万不要责备。"做想成功先要学会做人。一个人在30岁以前是靠智商赚钱，但是，靠人际关系赚钱就要在他30岁以后。这里有几则人际关系小技巧希望对我们有帮助：站在对方立场为别人多想想，将心比心，并且用温暖、尊重、了解的方式去和别人沟通；了解沟通的障碍而且要尽最大的可能去突破；得有与人沟通的意愿，以一颗开放的心灵倾听，一定不可以随意做价值判断，而最好以对方的立场和观点去设想；当一位好听众，对方的想法与感受我们应该用心灵去倾听，而不只是字面上的意思。然后要坦诚地告诉对方，什么是我们听到的，有什么样的感受和想法；善解人意，我们不一定要赞同他人与我们不同的意见，但是假如我们可以了解他人，我们自己也会快乐无比；加强对自己的了解，知道什么样的话自己会说出来，也是能与他人维系良好人际关系的技巧之一；自己的情绪要善于去处理，不要让不好的情绪影响了周围的人。

总之，一个人要想取得成功，除了要学好专业课以外，如何处理人际关系也是一门必修课，正如盖帝而言："一个主管，不管他拥有多少知识，假如它不可以把人带动起来完成使命，他是一点价值都没有的。"老老实实做人、踏踏实实做事，把对人生活主体元素的认识提高，才是成功之道！

对于事业成功在良好的人际关系方面是有着十分重要的意义的。但很多人认为，和人交往要越亲密越好，其实不然。凡事都要有个"度"，亲密得太不拘小节了，好事也可能变坏。比如，如果只是单纯觉得和同事关系好，就经常跟同事借东西，偶尔还在别的同事面前开这位同事的玩笑。一次两次还好，但多了，不免让对方产生不快，久而久之就酿成大祸。更有甚者，认为自己和朋友无话不说，彼此应无秘密可言，就随便拿对方的手机，偷看对方的短信，这实际上是对他人隐私权的侵犯。每个人都在心灵深处有自己的秘密港湾，假如你要执意驶入的话，将会出现不堪设想的后果。或许你认为对朋友的了解更加深入，但你们之间的关系却可能日渐疏远。因此，我们在和同事或者别人相处时，要注意保持适当的距离，把握分寸，否则就会像那些被扎痛的刺猬一样，双方可能都有会受到不同程度的伤害。

那么同样身处职场的同事之间应该如何把握好这个度呢？

1. 表示关心，有时候一两句体贴的话，会更显得温暖

美国思想家艾默生曾说："如果你可以真心诚意地去帮助别人，别人也一定会尽自己最大的努力去帮助你，这是一个人的一生中最好的一种报酬。"对一个人的关心，不需要时时刻刻阿谀奉承，而是在对方需要帮助，对方需要关怀的时候，给对方必要的支持；要给予对方所需要的温暖，在对方需要安慰，甚至于在

对方遭受到一些挫折的时候。人既然是因为有缘才相聚，则同事遭遇困难时，您应尽一己之力，为其排忧解困。相信会获得对方的由衷感激与善意回报。顺其自然，你对别人的关心，早晚都会被别人所知道的，而不是你费劲心思的让对方感觉得到了你给的好处。

2. 避免自我鼓吹，争吵抬杠

因为意见分歧而产生不快，不可避免的会在人与人的相处过程中出现，在这种情况下一定要时时刻刻牢记"宰相肚里能撑船"这个概念。生活中，难免会出现形形色色的人，无论遇到什么样的情况，都要懂得平心静气、胸怀宽广。要知道这种人的下场一定是很可悲的，因为他们时时刻刻在伤害周围的人，最终只会落得孤单一人的下场。所以，你没有必要去为这种人生气，因为在口舌之争上面是永远都没有什么真正的赢家的，就算是你据理力争把对方驳倒，但这样一来就会在对方心里留下仇恨，综合分析下来，吃亏的还是自己。

3. 禁用三C用语

所谓三C用语是指批评（Criticizing）、责难（Condeming）及抱怨（Complaining）等。当你日常与同事交谈或公事洽商讨论中，如使用批评必易伤害对方，而产生不快或怨恨心理，他迟早会以牙还牙。至于贸然给人责难，势难获得对方的认同或接受，而常常形成反唇相讥、不欢而散的结局。再者，向人抱怨更是令人生厌，且是最不受欢迎的行为。与其怨天尤人还不如自立自强、发愤图强，以换取别人的肯定与重视。因此你应切记与人尤其是同事相处，必须避免使用三C用语，以免因此破坏了彼此良好的人际关系。

乘电梯的时候，有的人就会发现：在电梯外挺活泼、从容的人们，进入电梯后，好像变成了另外一个人，显得拘谨严肃起来，并且几乎都会抬头往上看或者盯着显示楼层的数字看。这个举动虽然看起来非常莫名其妙，背后隐藏着人们的心理活动。实际上，乘电梯往上看的行为与我们的"私人空间"有着很大的关系。我们所说的私人空间，也就是指在我们身体周围一定的空间，只要我们的私人空间被人闯入了，非常不舒服、不自在的感觉就会在我们身上出现。私人空间的大小因人而异，但大体上是前后0.6—1.5米，左右1米左右。

据科学研究表明，男性的隐私空间没有女性的隐私空间大，具有攻击性格的人的私人空间更大。电梯是一个相对狭小的空间。在电梯中，人与人的私人空间出现了交集，换句话说就是互相感觉到自己的私人空间被对方进入了，所以才会感到不舒服，想要快点离开电梯这个狭窄的空间。想尽快"逃离"这个狭小空间的心理表现也就是向上看。

此外，盯着显示楼层的数字看，不仅仅是为了确认是否到了自己要去的楼层，还是一种焦虑的心理投射。这个狭小的空间我们想要急于离开的时间，不停变换的数字会让我们认为电梯一直都在移动，让我们感觉到自己再熬一会就解放了，进而把焦急的心理缓解。

由此及彼，在人际交往中，人们维持自己身心健康的基本要素就是距离，过近的接触也是会给人压力的，而过远的接触却使人期待压力。距离犹如一缕芳香，时常隐隐而来，给人以无尽的遐想，就好像人们常常说的：保持距离就能够保持一种良好的感觉。

古今中外，那些善于把握距离的人都是处世交友真正成功的人。他们以恰到好处的距离与人相处，编织着一个个复杂的人际关系网，把一个个现实矛盾给化解了，战胜了一次次艰难的人生险境，最终使自己脱颖而出，成就了自我，把超人的智慧体现了出来。孔子曰"君子和而不同，小人同而不和。"《庄子》里面讲："君子之交淡如水，小人之交甘如醇。"这些话从不同的角度，比较深刻地把人际交往中应该亲疏有度、把握距离的道理给阐述了。

善于把握与人相处的距离的国外的一些名人也是这样做的，戴高乐将军就是比较典型的一个，他的座右铭就是："保持一定的距离。"他在著作《剑锋》中写道："一个领袖没有威信就不会有权威，除非他与人保持距离；要不然，他就不会有威信。"山姆·沃尔顿是沃尔玛公司的创始人，他的成功完全可以归纳为他善于利用各种手段来消除与供应商和顾客的"距离"，并赢得竞争上的优势；美国人类学家爱德华·霍尔博士经过研究甚至认为，交往双方的人际关系以及所处情境决定着相互间自我空间的范围，所以，把三种空间区域划分了，各种距离都与对方的关系相称。

距离让人们的生存空间充满惬意，保持彼此良好关系的必要条件就是合适的距离。我们都见过关系特铁的朋友突然之间反目成仇，热恋的时间两个人恨不得在一块粘着的恋人我们也是见过的，过了那段狂热的时期后便劳燕分飞。在各种导致分手的因素中，交往失了度就是非常重要的原因，好距离没有把握好。在现实生活中，人们从相遇到相识再到相知，慢慢的把距离给缩短了，从刚开始不是很熟悉的时候，各自向对方展示的是自己的长处和优点。可是，彼此间熟悉到了距离很小的时候，在不经意之间对方的缺点就被表现了出来。到了没有办法忍受的时间，就极有可能渐渐地疏远。那么，良好的人际关系应该怎么去建立呢？

不妨从以下几方面着手努力吧：

（1）弄清自己的角色。不同的角色有不同的职责，把你的立场和处事方式给决定了。

（2）相互尊重。要想让别人去尊重你，首先要学会尊重别人，包括尊重对方的隐私。

（3）遵守规则。每个游戏都有规则，人际交往也是那样的。

（4）大局观念。发生矛盾时，考虑问题应该站在大局的角度，学会忍耐和包容。

（5）保持距离。人与人之间必须保持适当地距离。

世界上有非常多的东西，就像是天边的彩虹，假如只是远远的去欣赏它，的确是一种赏心悦目的美，但是，如果一定要去把它占有，把它得到之后，美感必然会稍瞬即逝。所谓"距离产生美"，还有"审美疲劳"说的都是这样的道理。所以，就算是恋人之间最好也不要无所顾忌的把自己全部的秘密都公开，拥有一份意味深长的朦胧与神秘不是更好吗？其实，把自己一小部分给隐藏了，并非就是刻意的虚伪；堪称绝对完美的人在世界上是没有的，脆弱的人性却承受不了绝对的真实。恰当地选择和调整距离，会让我们的生存空间十分惬意，会让我们的心灵保持一种愉悦。

有一句古诗："相看两不厌，只有敬亭山。"想必就是诗人于静寂无扰的时候与敬亭山作着物我合一的心灵睿智交流。恰如其分，把合适的距离把握好，永远是一个成熟的人应有的理智。人与人之间，就要保持一定的距离，给各自的生存和发展留有一定的余地。这根本不是说要让你在与人交往中不要相信别人，这只是更好地平衡我们的人际关系。

[少一些多余认真和计较，多一些付出和信任]

一个人能无病无灾的活着，就是幸福！不管一个人遇见什么样的事都会非常快乐的活着，那更是一种幸福！一个人如果可以把自私抛开，善待别人就是善待了自己！

水至深则无鱼，人至察则无徒。在生活中有非常多的场合，做人就不能太认真，更不能较真。相反，你不认真，不计较，就可以把风头和锋芒避开，反其道而行之，也就自然而然的把矛盾解决了。

做人不要太较真，也不要太认死理。人又不是圣贤，谁会没有过失呢？与人相处就要相互理解相互谅解，求大同存小异。有度量能容人，你就会拥有非常多的朋友，而且能够左右逢源；相反"明察秋毫"，眼里不揉半点沙子，非常的挑剔，什么鸡毛蒜皮的小事都要争个是非曲直的人，别的人看见你也会躲很远的，每个人都躲着你，就怕没有及时的躲避掉。

很多时候，我们不妨睁只眼闭只眼做人，要想把这点做到是非常不容易的。镜子很平，但在高倍放大镜下，就成了连绵的山峦，用肉眼看起来非常干净的东西，拿到显微镜下，满目都是细菌。如果我们的生活是带着放大的显微镜，恐怕连饭也不敢吃了！假如看别人的缺点用放大镜的话，那人肯定罪不容诛了。

很多时候，并不是可以把所有的伤都看到，可看不到的伤不一定不痛！不是所有的痛都能说，可是，没有说出来的才是最痛的！虽然水可以解渴，伤痛却不能饮……

很多时候，装傻是一种本领！要做到傻肯定是非常困难的，没有一定修养的人是装不出的，是人们屡经沧桑后的成熟和淡定，是人生大彻大悟后的宁静和从容。

很多时候，一定要装糊涂，淡泊名利，把苦痛伤害深埋。不是所有折磨人的事情都要被别人知道，假如不想让别人知道，就必须装糊涂！难得糊涂是一种很高的境界。难得糊涂与不明事理的真糊涂则截然不同。难得糊涂是良训，做人有时不可以太认真！

古今中外，只要是可以成就大事的人都具有一种优秀的品质，就是能容人所不能容，忍人所不能忍，善于求大同存小异，对大部分人都非常团结。他们极有胸怀，豁达而不拘小节，大处着眼而不会目光如豆，什么事情都不计较，不纠缠于非原则的琐事，所以他们才能成大事、立大业，让自己成为非常伟大的人。

有这样的一条谚语在西方："如果想要一个人毁亡，那就让他疯狂吧！"仔细的品味一下，我们可以非常容易的理解，因为坏情绪足以毁灭一个人，而拥有好心境却可以把美好幸福的人生给创造出来。这正是所谓"人生最大的敌人不是别人，而是自己"。

有很多的人在一个非常小的困难面前表现出的往往是或唉声叹气，或怨天尤人，或自暴自弃，甚至没有目的的去到处宣泄，而缺乏战胜困难的勇气和坚持不懈的毅力，常常是跌倒了就再也站不起来。其实，根本不是没有站起来的能力，而是把站起来的信心失去了。

佛曰："一切以平常心待之。"然而环顾左右，做到这一点的人非常的少。

假如抱怨是我们每天都听到的,看见的是不满,时间长了,不仅自己心情不愉快,工作效率大打折扣,总会有无辜的"替罪羔羊"在自己的身边出现。

有很多的人都存在着这样的一种心理:当灾难降临的时候说"为什么偏偏选择了我",而当幸运来到时却什么话都不说了。同样道理,重复而繁琐的工作是我么每天都要面临的,但是,欣慰的事情对于我们来说也是有的。如果我们能把自己的注意力多转移到愉快的事上,比如家人的关爱,孩子的进步,昨天的成功,先给自己创造一个愉快的心情,再静下心来把日常工作井井有条地处理,这样不是要比先抱怨一通,把自己的心情弄的非常糟糕,然后开始非常慌乱的去应付工作要好得多?

心灵的平静和满足从哪里来?就从我们日常生活中的一点一滴中来。

比如工作中,只要我们可以把不满的情绪放下,静下一颗心,把自己的心态调整好,然后面带浅浅的笑意,对于手头上的工作认真对待,这样不仅能使工作游刃有余,而且在同事间也会产生"蝴蝶效应",以我们的微笑引来大家的微笑,从而可以把温暖带给每个同事,并让轻松的氛围充满办公室。

在走进家门的那一瞬间,把烦恼关在门外,把微笑带回家。自己的坏心情为什么要传染给自己最亲最近的人呢?

改变心态开始。假如我们可以以平常的心情对待别人,以平和心做事,就会发现慢慢的有了一个全新的自我。

当自己沐着冬日暖暖的阳光,在大街上轻松走着的时候,看着南来北往的人在自己的眼前闪过,心态平和就会感觉生活是如此的美好而又幸福。

干枯的树枝仿佛在对自己舞蹈,陌生的路人仿佛在对自己微笑,天真的孩子穿着厚厚的棉衣脚步蹒跚地在母亲的怀里扑着,一对已近不惑之年的夫妇相扶相携着喃喃低语着什么,生活的丰富多彩和人生快乐的原色不就是这样的一切吗？

想一想，健康的身体是我们所拥有的，可以自由地上网，可以与同学朋友一起逛街，想某个人了，可以轻摁手机键，把自己的想念用文字送去，只需轻触键盘，思想便在屏幕上慢慢流淌；累了乏了想找人说话了，只需放下手头的活计找上自己喜欢的人尽情聊个够；没有阴云，把不快和无奈忘掉，把自己的心放在阳光下晾晒，潮湿的心便会温暖而又满足，就会自然而然的把幸福溢满。

心理学家告诉我们：把别人想象成天使，那么，恶魔你就不会遇到。这个实验不是随随便便就可以进行的，而是在科学实验基础上建立的。心理学家曾经有过这样一个巧妙的实验——实验人员让两组参加者给同一位女士打电话。告诉第一组的人说：对方是一位冷酷、呆板、枯燥、乏味的女人。告诉第二组的人说：对方是一个热情、活泼、开朗、有趣的人。但是，却发现结果，与那位女士的交谈非常投机的是第二组的人，通话时间也明显比第一组的人要长，而第一组的参加者简直就没有办法和那位女士顺利的进行交谈，这是为什么呢？有着非常简单的道理，第二组的参加者把那位女士想象成是一个幸运的"天使"，把她看作是一个"热情、活泼、开朗、有趣"的人，并且还用一样的态度对她进行交往，但是第一组却恰恰不是这样的。

把别人想象成魔鬼，当然会遇到魔鬼；把别人想象成天使，魔鬼就不会被你遇到，这是为什么呢？原来，在人际交往中，保持心理平衡的需要是每个人都有的。你怎么看待别人，别人也会去怎么看你。要不然，对方就会感到不平衡。所以，如果你事先对别人有一种消极的看法，那么，这种看法肯定会无缘无故的就流露了出来，并或多或少表现在你的语言和非语言的信息上。而对方觉察到你发出的信息后，也会有同样的反应。有人曾经这样说：你对别人的态度和别人对你的态度事实上是一样的，我们通常可以从别人的脸上读到自己的表情。

在交际中任何人都想获得成功，天使大家都希望可以遇到，成功的关键在哪里呢？就在于调整我们自己的心理和态度，用平和的心态对人。心态平和了，这时会发现：原来这个世界是这么的美好！

不过，要真正做到不较真、能容人，也是一件非常困难的事情，需要有良好的修养，需要有善解人意的思维方法，需要从对方的角度设身处地地考虑和处理问题，对别人多体谅和理解一些，就会多一些宽容，多一些和谐，多一些友谊。比如，有些人一旦做了官，下属出一点毛病都不可以，动辄捶胸顿足，横眉立目，属下畏之如虎，时间久了，必积怨成仇。想一想天下的事根本不是你一个人可以包揽完的，没有必要因为一点点毛病便与人斗气。假如把位置调换一下，上司的急躁情绪也就被挨训的人理解了。

在公共场所遇到不顺心的事，实在没有必要生气。素不相识的人冒犯你肯定是别有原因的，不知道是因为什么样的事情让他这天的情绪非常的坏，行为失控，正好被你看到了，只要没有侮辱你的人格，我们就应宽大为怀，不以为意，或以柔克刚，晓之以理。总而言之，不能与这位与你原本无仇无怨的人瞪着眼睛较劲。假如较起真来，大动肝火，刀对刀、枪对枪地干起来，酿出个什么后果，那就没有必要了。跟萍水相逢的陌路人较真，简直就是愚蠢人的做法。如果对方连文化都没有，一较真就等于把自己降低到对方的水平，是非常没有面子的。另外，对方的触犯从某种程度上是发泄和转嫁痛苦，虽然，分摊他痛苦的事情我们没有义务，但客观上确实帮助了他，无意之间就做了一件善事。这样一想，也就宽容他了。

清官难断家务事，在家里更不要较真，要不然你就非常的愚蠢。原则、立场的大是大非问题在老婆和孩子之间是不存在的，都是一家人，非要用"阶级斗争"的眼光看问题，把对和错给分出来，一点用都没有。人们在单位、在社会上充当着各种各样的规范化角色，克尽职守的国家公务员、精明体面的商人，还有广大工人、职员，但是，只要一到家里，把西装革履脱去，也就是把所扮演的这一角色的"行头"给脱掉了，也就是社会对这一角色的规矩和种种要求、束缚，把你的本来面目给还原了，使你尽可能地享受天伦之乐。假如你在家里面还跟在社会上一样认真、一样循规蹈距，每说一句话、做一件事还要考虑对错、妥否，顾忌影响、后果，掂量再三，那不仅仅会变的非常的可笑，还会把心折腾的很累。一定要有非常清楚的头脑，在家里你就是丈夫、就是妻子。所以，处理家庭琐事要采取"绥靖"政策，安抚为主，大事化小，小事化了，和稀泥，当个笑口常开的和事佬。具体说来，作丈夫的要宽厚，在钱物方面睁一只眼，闭一只眼，越是马虎的人越会得到人心，妻子给娘家偏点心眼，是人之常情，你心里根本就没必要去计较，那才能显出男子汉宽宏大量的风度。妻子对丈夫的懒惰等种种难以容忍的毛病，也应采取宽容的态度，最忌讳的就是唠唠叨叨的、没完没了，嫌他这、嫌他那，也不要偶尔丈夫回来晚了或有女士来电话，就给脸色看，鼻子不是鼻子脸不脸的审个没完。看得越紧，就会有非常强的逆反心理。索性大撒把，让他潇洒去，看看他的本事到底有多大，外面的情感世界也自会给他教训，只要你是个自信心强、有性格有魅力的女人，就算丈夫心再花也不会与你隔断心肠。就怕你对丈夫太"认真"了，让他感到是戴着枷锁过日子，从而对你产生厌倦，那样才会发生真正的危机。家里是避风的港湾，应该是温馨和谐的，千万别把它演变成充满火药味的战场，狼烟四起，鸡飞狗跳，你自己怎么去把握就是最为关键的。

在生活中少些多余的认真与计较，多些付出与信任，多些聪明的糊涂，多些理解，多些谅解，多多做傻瓜，付出爱心，就是把希望给种下了。对别人施与善行，不管是做人还是做事都不可以太较真，一般都会得到非常丰厚的回报。更会体验到做人做事的快乐，善待别人就是善待了自己。

自我暗示，具有强大驱动力

佛家说："境由心生。"意思说，把客观条件除外处境的好与坏，在非常大程度上是由自己的认识和感觉决定的。

自我刺激的过程就是自我暗示。这种暗示来自于内心，通过主观想象或自信某种特殊的事、物、人的存在，来进行自我刺激，并且还可以达到把行为和主观经验改变的目的，同时引起心理、生理上相应的变化。它可以是有意的或无意的，但是，结果都会有相关的心身效应产生。

媒体报导一对英国夫妻，医院诊断患了没有办法治疗的疾病，有限的生命时间是可以数出来的。两个人把家当处理了，带着现金去周游世界，准备尽享最后的生命。结果，在超过了医生的预计之后，再去做检查的时候，他们的疾病竟然消失了。

我们身边的一些人得了癌症，在不知道的时候，尚且能吃、能动，而一旦知道真实病情，则精神迅速垮掉，没有多长时间也就走到了生命的尽头。加速病情变化的就是消极的暗示。还有些癌症患者，鼓起勇气，把生活的信心重新树立了起来，最后战胜了疾病，过着高质量的生活。心理因素是这种区别的主要原因，包括积极自我暗示。

医学之父希波克拉底说过："自己疾病的良医就是人的情绪。"《新英格兰医学》杂志主编曾说："每个人自找的疾病占85%。"有一套完善的抗病"卫队"在我们的机体中，但他们的应变能力只有在人的情感变动的有限范围内才会发挥重要的作用。当然，另外那15%的病也是我们需要正视的，这些病是真正需要医生来治疗的。虽然是这样，创造一个有利于治疗这15%疾病的精神环境也是非常重要的。假如充满不安、恐惧、沮丧，那么这15%的病不管是谁都没有办法医好。假如把疾病排除在外，机体内部还不得不对付精神因素带来的生理反应的紊乱，那么我们就会在双倍危险中存在。

好心情对疾病有这么大的影响，对心理健康的影响就更大了。

"你有信仰，你就年轻，你若疑虑，你就衰老；你有自信，你就年轻，你若恐惧，你就衰老；你有希望，你就年轻，你若绝望，你就衰老。"自我暗示的神奇力量被美国名将麦克阿瑟将军的话揭示了。在心理学上，通过主观想象某种特殊的人与事物的存在来进行自我刺激，达到改变行为和主观经验的目的是自我暗示。

一种深度的意志力是自我暗示，在一些时刻或许可以有扭转局势的巨大力量。积极的自我暗示可以帮助人们用更积极的思想和概念把过去陈旧的、否定性的思维模式替代；一种可怕的力量就是消极的自我暗示，可以误导个人的判断和自信，使人生活在悲观的感觉中不能自拔。

一个有名的实验曾经被一位原来是医生的马丁·加德纳做过：让一个死囚躺在床上，告诉他即将就会被执行死刑，然后在他的手上用木片划了一下，接着把预先准备好的一个水龙头打开，让它向地上的一个容器滴水，伴随着由快到慢的滴水节奏，那个死囚昏死了过去。

1988年，这个实验结果被加德纳公布出来之后，遭到了司法当局的起诉。但是他的实验却证明了一个不争的事实：生命的真正脊梁就是精神，假如一个人的精神都被摧毁了，那么他的生命也就变形了。

正因为是这样，加德纳是竭力反对把真正的病情告诉癌症患者的。他认为在美国死于癌症的病人中，被内心的恐惧吓死的人占80%。

后来，加德纳成为美国横渡大西洋——3V俱乐部的心理教练。在他的指导下，一个叫伯来奥的人一举成名。这位男子驾着独木舟从法国的布勒斯特出发，横跨大西洋和太平洋，历时六个半月到达澳大利亚的布里斯班，创造了单人独舟横渡大西洋的吉尼斯世界纪录。

心理暗示是一种双向的力量：接受了消极信息的干扰的死刑囚犯，就是因为这种消极的心理暗示昏死过去；但是伯来奥却可以在积极意志的驱动下完成普通人没有办法完成的奇迹。这个故事告诉人们：只要可以保证自己的精神没有被击垮，并不断对自己做出积极的心理暗示，用意志力战胜现实中的困难。

很多情况下，并不是生活走向了绝境，而是自己过多地受到外来信息的干扰，产生了消极的心理暗示，导致精神深陷困境，没有办法自拔。我们应该充分的利用自我暗示的力量，要常常给自己灌输一些正面积极的意识，在改变自己的同时，也可更加了解自己，更加相信自己。

若想准确选择对生活有建设性作用的心理暗示，可以注意以下几点：

（1）应该用现在时态而不是将来时态进行暗示。例如你可以常常给自己说"财富正在慢慢滚入我的钱袋"，而不是"我将来会发大财"。

（2）在对自己进行积极的心理暗示的时候，应该选择你自己比较需要的关键词，而非你不需要的。例如你千万不可以说"我要摆脱贫穷"，而应该说"我会变得富有"。

（3）对于你自己所设计的未来不可以太飘渺，而应该具有可实现性。比如"我要在今年赚取500万"的想法或许你自己都会产生矛盾和抗拒，那么，还不如选择一个你可以接受和认同的数字，比如50万。

（4）要有简洁有力的语言暗示，不要在冗长的句子中把斗志和激情给消磨了。

（5）不断重复积极的意识刺激，并形成稳定的习惯。

自我暗示的力量让人相信我们可以用意志和语言改变自己，具有强大的驱动力的是那些比较有积极性的词语和句子，可以把的潜意识转化为成功的工具。要想实现财富梦想、把成功目标达成，需要反复对自己做出积极的暗示，并且还要在这个基础上全力拼搏，要做到没有实现目标一定不可以罢休。

[适当释放心情，
　生活更幸福]

　　人的一生难得有几天好心情，心情好的时候生活充满了激情，对工作充满了热情，当心情坏的时候，干什么都没意思、没劲，非常的累，并且还做不好，本想这个周末写一篇构思了好多天的文章，把纸铺开也不知道该从哪下手，写了又撕，撕了又写，最后就只好放弃了，等到什么时间心情好了再开始写。

　　许多事情就是这样的，是你根本就想不到的，任由心情支配，人的一生就这样白白的任心情而消耗。当心情好的时候，想起要做的事情来，已经非常晚了，又少了当初的那份心情。有些事错过了就错过了，要想重新开始是不可能的了，错过了就不再有。做人做事都要讲个时机，失去了时机就等于失去了方向和目标，就没有办法去导航和驾驭了。

　　心情的好坏完全取决于一个能释放心情的良好环境，好的环境就会把好的心情营造出来，还可以把自身的能量激发出来，所以，我们要给自己给他人一个好的环境，让彼此都处于一个好的心情状态，只有这样，才会以最佳的效果去呈现所有的事情。

　　其实，人生不就是一条漫漫的长路吗？人生在世，有谁都是平坦的捧着鲜花一路走来呢？在生活里每个人都会有一丝的遗憾，因为遗憾是客观存在的，没有办法去改变，唯独让自己不被遗憾所困才能淡定心境，环境既然不可以被我们改变，那就改变自己，换个心态把郁闷、纠结和难以取舍的心境抛开，要想把原先那个简单快乐的自我给找到就要把自己的心情归零。人真的不能太复杂了，还是简单好。过去的不再回来，回来的不再完美。生活都是有进有退的，输什么都可以，但就是不可以输心情。对于过去，不能忘记，但要学会去放下。

让自己学会安静，把思维沉浸下来，对事物的欲望渐渐的减少；学会让自我常常归零，把每一天都当作是新的起点。当心情非常烦躁的时候，喝一杯清茶，放一曲舒缓柔和的音乐，闭眼，把自己身边的人和事好好的回味一下，慢慢梳理新的未来；或者盘腿打打坐，读读经。这些既可以说是一种休息，也可以说是一种修行。

学会休息，在忙碌的生活中，千万不要让自己活的很累，我们应该偶尔停下纷繁的脚步给自己放个假，一个人开始一段贴近大自然的旅程，把清新的风、流动的水好好的感受一下，听一听花的低语、鸟的歌唱，把独处的时光好好的享受一下。

在如今快节奏的都市生活中，有非常多的人感到"活得太累"，这种"累"根本不仅仅是身体上面的疲劳，心理上感受和体验才是最为主要的，是精神负担过重，极度疲劳的表现。

一个心理健康，善于自我调整的人，对于工作中适度的紧张以及生活上的一般忙碌几乎都可以适应，而且还可以把看作是一种对自己的激励。在职业男女中，感到"活得太累"的人占有一定的比例。或许他们是非常喜欢争强好胜的人，总把工作与生活的目标定得过高，所以，不顾一切地拼命，每天8小时内外都上满了弦，连轻松一下的时间都没有。这样天长日久必然身心劳累，做起事来心有余而力不足。

由于生活节奏加快，我们把非常多的时间圈在汽车、办公室、家中……这些狭小的天地里，可以亲近大自然的时间非常少，久而久之，不仅心情愈加烦燥，身体也得不到应有的轻松，最后导致的结果就是我们和这个世界越来越远了。徐志摩曾说过"我总是忙，忙得连大自然的物换星移都不注意了。但是，只要一离开自然，人就像离开了泥土的花草，就像离开了水的鱼，是怎么也不会鲜活不起来的"。他在对康桥的回忆中，描述了他对风景的享受方式，骑脚踏车、散步，甚至在草地打滚，只要到大自然里去，你慢慢的就会发现"生活绝不是我们那么多人仅仅从自身经验想象的那样黯然"。

现在都市生活中，有助于减轻快节奏生活造成的压力就是适当的休息，带给你安详平和的心境，假如你发现家人、朋友总是围绕着你，连一丝喘息的机会都没有，那你真该好好计划一下，利用一个长假去做一个旅行，让那段时间完全属于自己，社会学家指出，忙碌的上班族，最少在一年中要有一次7天以上的长休假，3次3天两夜或者5天4夜的中休假，以及非常多的短休假。假期应该把尘世完全脱离，特别安静的时间用来修补破碎的生活，调整自我，享受独处和家人娱乐的时光。

在人生的道路上，非常重要的是跋涉，休息也是绝对重要的，要充分享受生活，就一定要学会把自己的脚步放慢，当你停止忙碌的奔波时，你会发现生命中从来就没有被发掘出来的美，当你为了生活疲于奔命时，生活的美丽是永远都不会享受到的，不懂得休息的人，只会品尝到苦涩和贫穷，从另一个角度来说，休息不是驻足不前，而是为重新上路积蓄能量，是为了可以走的更加的远。

一条大河边的三只毛毛虫正在窃窃私语，它们想到河对岸那个开满鲜花的地方去，但是，它们好像看起来非常疲惫。

其中一只说，我们必须先找到桥，然后从桥上爬过去，只有这样，我们才能抢在别人前面，占领含蜜最多的花朵。而第二只说，在这荒郊野外，哪里有桥？

我们还是各一条船，从水上漂过去，只有这样，我们才能尽快到达对岸，把更多的蜜喝到。第三只却说，我们走了这么多的路，已经疲惫不堪了，现在应该静下来休息两天。

另外两只感觉到非常诧异，休息？简直是笑话！没看对岸花丛中的蜜都快被人喝光了吗？我们一路风风火火，马不停蹄，到这来难道就是为了睡觉？

还没有把话说完，那两只毛毛虫就各自忙碌起来，剩下的一只躺在树阴下没有动。它想，喝蜜当然舒服，但这儿的习习凉风，也应该好好的享受一下。于是就爬上了最高的一棵树，找了片叶子躺下来。河水的声音如音乐一般动听，树叶在微风吹拂下如婴儿的摇篮，没过多长时间它就进入梦乡了。

不知过了多长时间，也不知自己在睡梦中到底做了些什么。总而言之，一觉醒来，它发现自己变成了一只美丽的蝴蝶，翅膀是那样美丽，那样轻盈，仅扇动了几下，就飞过了河。

此时此刻，它非常想把两个小伙伴找到，可是飞遍所有的花丛都没找到，因为它的伙伴一只累死在路上，另一只被河水淹没了。

我们从中应该能够明白，在忙碌的生活中我们更应该把纷乱的脚步停下来，享受一下生活带给我们的惊喜。在前进的道路上偶尔的停歇，尽管会把我们到达目标的时间延误，但是，我们却拥有了取得目标的精力。

为自己的心情找一个发泄的方式，让自己的心情得到释放，只有这样做，我们才可以一直保持一个非常好的心态，才可以非常好的面对自己的人生，发现生活中的美好！

有些是我们可以借鉴的，但是别的发泄方式我们也可以尝试着去发现。比如：有的女孩子会通过购物来抒发自己内心的郁闷，而有的人则会去看一场可以缓解人心情的电影，或是约两三个好友去登山，看一下外面的风景，让自己注意力转移到别的地方，让自己暂时从这种烦闷的心情中解脱出来。

在我们的生活中，我们不知道的东西非常多，我们要学会从一种既定的模式中跳出来，使自己的身心得到解放，开阔自己的视野，只有这样，更加美好的心情才会时刻陪伴我们左右，我们的心情才能够得到释放。

给自己找一个合适的方式，去放飞自己的心，让自己脚步变得更加的轻快，让动听的音乐不绝于耳，带上一份开心、一份愉悦前进吧！

以诚待人，他人必以诚待之

一个做人的首要条件就是要以诚待人。

常言道：待人要真真诚诚；做事要踏踏实实；为官要清清白白。说起来非常的容易，真正做起来却非常困难！究竟怎样才能以诚待人，用心做事呢？俗话说："做事先做人"，非常明显这句话把做人更高的要求给提出来，这是一种理念，是一种心态。首先，应学会去尊重、善待别人，这就是别人常说的以诚待人。待人首先要用心去换心，以真诚去缔造真诚，以友谊去缔造友谊，才可以把别人对你的真诚换回来。

在飞机还没有起飞的时间，一位乘客请求空姐给他倒一杯水吃药。空姐很有礼貌地说："先生，为了您的安全，请稍等一会，等飞机进入平稳飞行状态后，我会立刻把水给您送过来，好吗？"

15分钟后，飞机早已进入了平稳飞行状态。突然，乘客服务铃急促地响了起来，这时空姐才突然意识到：糟了，由于太忙，自己忘记给那位乘客倒水了！当空姐来到客舱，看见按响服务铃的果然是刚才那位乘客。

她把水小心翼翼的送到那位乘客跟前，面带微笑地说："先生，实在对不起，因为我的疏忽，把您吃药的时间给延误了，我感到非常抱歉。"

这位乘客抬起左手，指着手表说道："怎么回事，有你这样服务的吗？"

空姐手里端着水，心里感到非常的委屈，但是，不管她如何解释，这位挑剔的乘客都没有原谅她的疏忽。

接下来的飞行途中，为了补偿自己的过失，每次去客舱给乘客服务的时候，空姐都会特意走到那位乘客面前，面带微笑地询问他是不是需要水，或者什么别的帮助。然而，那位乘客的怒气还没有消除，摆出一副不合作的样子，根本没有去理会空姐。

在快到目的地的时间，那位乘客要求空姐把留言本给他送过去，很显然，他要投诉这名空姐。此时空姐心里虽然很委屈，但是依然没有丢失自己的职业道德，显得非常有礼貌，而且面带微笑地说道："先生，请允许我再次向您表示真诚的歉意，不管您提出什么样的意见，我都将欣然接受您的批评！"那位乘客想说什么，但是却没有开口，他把留言本接过来，开始在本子上写了起来。

等到飞机安全降落，所有的乘客陆续离开后，空姐本以为这下完了，没想到，等她把留言本打开的时候，却惊奇地发现，那位乘客在本子上写下的根本不是投诉信，相反，这是一封热情洋溢的表扬信。

让这位挑剔的乘客最终放弃投诉的究竟是什么呢？在信中，空姐读到这样一句话："在整个过程中，你表现出的真诚的歉意，尤其是你的12次微笑，把我深深的打动了，使我最终决定将投诉信写成表扬信！你的服务质量很高，假如下次还有机会，我还将乘坐你们的这趟航班！"

案例中的空姐面对乘客的抱怨和不满时，一点不愉快的脸色都没有显出来，而是用微笑和诚意把这场危机给化解了。这是值得我们每个人学习的，要赢得消费者，真诚与微笑是必须要懂得的。客服人员无论面对的是客户的责难还是表扬，都要以诚为先，微笑相对，只有这样才可以赢得客户的心。

世界上最美丽的花朵就是真诚，它有无穷的魅力，任何不满在它面前都会被软化。所以，当你想让别人谅解你时，不如把微笑和真诚带上，要把它们当成一种习惯，这样的一种习惯会使你受用无穷。

要想以诚待人，首先要学会做人，为人的最基本准则就是堂堂正正的做人，是一切道德之首，人格品德的核心所在也是堂堂正正的做人。丰富的内容在它的里面包含着：在事业追求中，把集体的利益、人民的利益视为高于一切，并以树立"以厂为家"的思想和精神去爱岗敬业、无私奉献；在这样的前提下，应该是谦虚谨慎，不骄不躁，说老实话，办老实事，做到言行一致，表里如一。也要在生活中严格的要求自己，以平常心处事，不和他人攀比。

汉末，黄巾事起，天下大乱，曹操坐据朝廷，孙权拥兵东吴，汉室宗亲豫州牧刘备听徐庶和司马徽说诸葛亮很有学识，又有才能，就和关羽、张飞带着礼物到隆中卧龙岗去请诸葛亮出山辅佐他。正好诸葛亮这天出去了，刘备只好非常失望的回去了。

不久，刘备又和关羽、张飞冒着大风雪第二次去请。谁知道诸葛亮又出外闲游去了。本来张飞就不愿意再过来了，见诸葛亮不在家，就催着要回去。刘备只好把一封信留了下来，表达自己对诸葛亮的敬佩和请他出来帮助自己挽救国家危险局面的意思。

过了一些时候，刘备吃了三天素，准备再去请诸葛亮。关羽说诸葛亮也许是徒有一个虚名，或许根本没有很好的才学，不用去了。张飞却主张由他一个人去叫，如果他不过来，就用绳子把他捆来。刘备把张飞责备了一顿，又和他俩第三次访诸葛亮。到了诸葛亮家，诸葛亮正在睡觉。刘备没有敢去惊动他，一直站到诸葛亮自己醒来，两个人才一起坐下来谈话。

诸葛亮见到刘备有志替国家做事，并且非常诚恳的要求他帮助，就出来全力帮助刘备建立蜀汉皇朝。

在《三国演义》中把刘备三次亲自请诸葛亮的这件事情，叫做"三顾茅庐"。诸葛亮在在著名的《出师表》中也有"先帝不以臣卑鄙，猥自枉屈，三顾臣于草庐之中"之句。于是，后世之人就会来引用这句话来形容渴望和诚恳的期盼人才的心情。也就是不耻下问，虚心求才的意思。建安十二年，诸葛亮27岁时，刘备"三顾茅庐"在南阳隆中，会见诸葛亮，询问诸葛亮统一天下的大计，当时的形势被诸葛亮精辟的分析了，提出了首先夺取荆、益作为根据地，对内改革政治，对外联合孙权，南抚夷越，西和诸戎，等待时机，两路出兵北伐，进而统一全国，著名的《隆中对》就是这次的谈话。

现在我们来分析一下刘备的在《三顾草庐》中的态度：

刘备可是挂着皇叔名号，并且还是豫州牧、左将军，宜城亭侯，尽管在我们看来非常无所谓，但是在当时，随便一个头衔都是非常厉害的。

三次前往草庐，可见其锲而不舍。

有一次下雪。

最后一次还等到诸葛睡醒。

要知道当时刘备也是一号人物，而诸葛只是个年轻人。

张飞说："这次用不着大哥亲自去。他如果不来，我只要用一根麻绳就把他捆来了！"刘备生气地说："你一点儿也不懂尊重人才，这次你就不要去了！""捆"只能捆来人却捆不来人的心啊！

刘备让童子不要惊醒先生，吩咐关羽、张飞在门口休息，自己轻轻地走进去，恭恭敬敬地站在草堂的台阶下侍候。刘备为何让他俩在门外等候，是怕他俩打扰诸葛亮，怕张飞闹堂……

在等的时候，张飞……刘备急忙又把他拦了回去。

到了诸葛亮的家，刘备上前轻轻敲门。刘备"轻轻"敲门说明他怕惊醒诸葛亮，对他尊重、诚心。

封建社会是分等级的。大臣参见皇上的时候是站在阶下，而此时，刘备是首领，诸葛亮不过是一介村民，刘备却站在阶下等级，可见他诚意。

"这次你就不要去了！"张飞是刘备的结拜兄弟，却没听他兄弟的话，说明诸葛亮比张飞更重要。

冬去春来，刘备在两兄弟不同意下去的时候，再次前往，可见他诚心诚意。

离诸葛亮的住处还有半里多路，刘备就下马步行。为什么刘备不骑马到房前呢？他怕马蹄惊扰了诸葛亮。说明他把诸葛亮当成了自己的老师。

刘备轻轻敲门轻轻地进去，恭恭敬敬地等，等啊等啊，诸葛亮翻了个身，又等啊等啊，等了半晌，才悠然醒来，刘备先前等得那样耐心。

经过上面的分析，我们可以清楚的知道，刘备在面对身份和地位都不如自己的诸葛亮时，是怀着诚恳、谦虚的态度，同时，也没有因为自己的身份对诸葛亮进行施压，更没有把自己高贵的身份架子摆出来。而是充分的给予诸葛亮尊重，也正是因为这样，诸葛亮才会对刘备忠心耿耿和死心塌地。

当你尊重他人的时候，别人也是会尊重你的。当你真心对待他人的时候，别人也会用真心去对待你。因此，在平时待人接物的时候，非常重要的是态度，因为一个人的真心与否，从他的态度中就会非常好的表现出来。

尊重他人意见，也适当保留自我主见

在工作中，老板的意思和想法我们应该充分地去了解、明白，这样我们才不会因为不小心而使自己碰到老板的雷区，使自己经受老板的五雷轰顶，更为严重的还有可能把工作丢掉。

下面的故事就很好的为我们分析了，关于了解和明白老板的意思的重要性。

"这工作没法干了！我说什么上司就反对什么，真不知道犯了哪门子邪？"大刘气呼呼地说。

"怎么啦？又被领导收拾了？被收拾的滋味很爽吧？"因为，大刘的上司总是没多长时间就修理他一顿，所以，对于他的牢骚我们也就见怪不怪，见他气成这样，还是想调侃他一番。

"倒也不算收拾。"大刘也不跟我们几个计较，接着话茬说道，"这两天吧，我接连在处务会上汇报并请示工作，不知道怎么回事，他总是否决我提出的方案。本来就是一件非常简单的事情，越搞越复杂了。这还让我怎么干？"

"你这个人的老毛病就是不改。这样的事以前不是就发生过吗？记得我提醒过你，跟领导请示工作必须要注意天时地利人和这几要素，怎么记吃不记打？"胖子老郑冲他说道。

"天时地利人和？你什么时候说过？怎么我一点印象也没有？"看着老郑，

大刘非常的疑惑，感觉胖子是在忽悠他。

"怎么没说过？上次你说在一个会上，你们两个项目主管汇报项目前期费用，另一个被批准了，但是，把你的方案给否决了，你说是处长偏心眼。当时我就说，这其实不是偏心眼的事，而是你根本没有把天时地利人和把握好，碰壁是很自然的。"胖子老郑说，"不过，当时你并不服气，可能是左耳进右耳出了，根本没有记进心里。"

"那你就再受累给讲讲呗！这不又碰壁了！"

"那我就再普度一下众生？"胖子笑道，"大刘你碰到的事，其实非常多的人身上都发生过这样的事情。有人认为，向上司请示工作，只要把想做的事情说清楚就行了，在什么时候说，在哪说是没必要去在乎的。其实这是非常错误的。根据我十几年的经验，请示工作的学问很大很深。把这些都学会了，可以事半功倍；要不然，会跟你一样，没事找抽！"

"你就别拽了！"见他还继续打击郁闷中的大刘，我们有些不忍，强烈制止道。

"所谓天时，就是要看你想做的事，是不是和公司的气候是一致的。用另外一句话说，你不能因为自己想出业绩给上司找麻烦。比如说，公司正在搞增收节支，号召大家使出吃奶的力气抓成本控制，而你却提出一项可做可不做的大预算。公司不但不会认可，反而会认为你没有政治头脑。所以，在对一件事情进行请示之前，一定要事先衡量一下，会不会让上司为难。如果事情并不十分迫切，又需要上司承担比较大的风险才能去做，那还不如不提，省得挨骂。不过，天时也不是固定不变的，是可以创造的。比如，你想把旧的工作用车淘汰掉，购一辆新车，如果在成本分析会上提，肯定是死定了。如果在安全工作会上提，把工作用车使用上升到保安全的高度，那就可能被批准。"

"所谓地利,就是看你想做的事情,是不是都准备好了,只待批准。在向上司请示之前,一定要周全地考虑和谋划,可不能半生不熟甚至只是一个初步想法就跑去讨上方宝剑。在职场上,这样的人是非常多的,做事很认真,也非常的热心,工作上很有创意,但是,或许就是因为考虑的不是很周全,弄了个不成熟的方案让上司守夺,结果被毙。有些人以为工作上多请示多讨教是对上司的尊重,其实没有任何原则地请示,是对上司最大的不尊重。本来是你的工作,在你没有考虑周全之前就把球踢给上司,让他拍板担责任,这能叫安好心吗?本来是你该想的工作,你只想了一半就提到上司面前,让他替你想出另一半,这不成了你给上司派活了吗?所以,在还没有把事情做周全的时候,也就是不具备实施条件的时候,不要轻易请示,自找难堪。"

"所谓人和,就是在请示工作时,要看场合,要把握时机。上司刚发过一通火,还没有消气呢,你跑去请示这个请示那个,十有八九不会好。还有,你还要看看在场都有什么样的人。如果有'铲子将'在场,你还没说完呢,他就在一边挥上'小铲子'了,可能就会把上司给误导,或者因为有不同意见而下不了决心。所以,什么事在会上请示,什么事在办公室请示,在饭桌上请示什么事,什么事在偶然碰到时请示,都是需要事先计划好的。同样的一件事情,场合的位置不同,效果当然也是不一样的。"

"胖子说得很好!"坐在一旁小李道,"还有一点也很重要,就是要把握好角度。记得有一位石匠说过,在普通人看来毫无规则石头,到了他们手上却都能恰到好处地垒到墙内。因为石头石头,有十个头,看你怎么用?用好的话,相得益彰;没有用好的话,里出外进。请示工作也是如此。每一件事情,都是可以用不同角度说的。这个角度找准了,上司就会非常容易认同。没有把角度找好,就好比用错了头的石头,让上司怎么看怎么别扭,自然不会同意。这里头的道道很多，谁也不可能对此洞若观火，但是，最起码这种意识是要有的。这个神器掌握好了，下属就能牵着上司的鼻子走了。"

"你也太夸张了吧！下属能牵着上司的鼻子走？"有人揶揄道。

"这是真的。"胖子认真地说，"假如你把请示工作学会了，自己的想法通过上司手中的资源都能如愿地变成现实，从某种意义上说，就是牵着上司的鼻子走。要不然，自己就只能处处碰壁。"

"我不想牵着上司鼻子走，只要自己干起来顺心就行了。看来，我还真得好好学习，天天向上。"大刘说道。看来，胖子和小李的这番话，终于被他给听进去了。

看到上面的对话，对你是不是有什么启发呢？把老板的想法非常好的了解，才会有非常好的对策被我们做出来，使老板更好的接受我们的方案或是意见，这根本不是谄媚，而是为了使自己的工作更好的向自己想要的方向发展的最好的办法。因为我们是不可以和老板对着干的，要不然，就有可能白费我们的辛苦，或是丢掉自己手中的工作。而这并不会是我们想要的。所以，我们要主动出击，将主动权掌握在我们自己的手中，只有这样，我们才可以更好的将自己的才能发挥出来。

不让上司牵着我们的鼻子走，即使我们是在为他们打工，自己的想法和建议我们也是有的，只要我们把主动权给掌握了，那么，我们也可以让上司按照我们的想法来进行。

有一个父亲这样对他的孩子说："儿子，你可千万要记住不要让别人牵着你的鼻子走。要是你能用你自己的判断力，做你认为是对的事，那你的日子会过得好得多。"

上司的话不可以全听，要做到吸收一半丢弃一半，千万不要成为上司俘虏。

身处教师型上司的部门里，什么是最大的风险呢？那就是真的把自己当成学生，对上司所说所教全部都照样去做了，自己根本就不去思考到底这些东西是对的还是错的。这种情形是非常常见的，因为遇到了教师型的上司，下属就非常容易的陷入了课堂式的环境，感觉就应该听老师的话，甚至认为老师的话必须是对的。但是，我们应该明白，在这个世界上，每个人都是独立的，而独立的人，就应该有独立思考能力。

另一方面，世界上所有事情都是相对的，有非常大的一部分事情根本不是是非分明的，而是处于灰色地带。所以上司说对的事情或许也不是对的，说错的事情并不一定错。就算事情是错的，可是，也并不是对你一点好处都没有。就算现在没好处，也不代表未来就不会变的有好处。

如果上司说任何话，你都奉为金科玉律，那么，实际上上司已经把你给俘虏了。

（1）学生是学知识，而不是认同观念。我们每个人都当过学生，家长和学校都曾经教育过我们，老师的话就一定要听，老师说的就是正确的。但是，这个观念现在已经被淘汰了，现在是一个思想解放，个性独立的时代。我们不应该成为社会机器复制出来的完全一样的人，而是应该有自己独立的思想和价值观。就算是做学生，也应该保持一定的独立性。我们在课堂学习的是知识，而知识这种东西，是前人积累下来，经过了很长时间的历练，这是优秀的东西。老师根本没有把知识给创造出来，他们只是传达者，甚至于老师自己都不一定理解知识。所以对于学生来说，只需要把老师当作传声筒和录音机，学习知识，他们对知识的看法我们不应该去学习。

对于事情每个老师都有不同的观念，这是一种价值观的体现。假如你把别人的观念接受了，就等于接受了别人的价值观。并不是说不可以接受别人的价值观，对于优秀价值观是应该吸收和学习的。但是，你首先要知道这些是否优秀。所以在你接受别人的观念前，就要把事情先搞清楚，你学习的对象本身是否优秀，本身是否成功。

在职场上，有非常多的教师型上司都处于中下层领导位置，他们自己根本不是成功的人。那么，你去学习他们为人处世的方法、他们做人做事的观点，岂不是向失败者学失败么？非常多人的问题就是在这点上。做了学生就学一切，甚至是失败的经验，这都是被动的学习，一点好处都没有。

一个成功的学生应该主动汲取知识和经验，把有用的知识、好的资源都拿到手，但是，对于那些失败的经验、观念、弱小的价值观，就需要抛弃。

（2）每个人都有自己的立场，上司没好处的，并不是对你也一点好处都没有。在教师型上司的部门里，你表面上是个学生，但心里面要清楚，你们所处的并不是课堂而是职场。在职场中，一切都要从自己的利益出发，考虑问题要站在自己的立场上。上司对你好，并不代表他会为你考虑任何事情。事实往往相反，再好的上司，在处理职场问题时，也是优先考虑自己的利益，再去想学生的。所以当上司说一件事情没有好处，事实上说的是对他一点好处都没有。而这个时候，你不应该盲目认同，而是应该想一下，站在自己的立场上，在这个事情上面到底有没有好处可言。

上司人品再好，也不代表永远都是好的。他们毕竟是人，有自己的私欲，有自己的目标。上司和你的关系，是同事关系，最多也就是师徒关系，这不意味着，他们会把所有的东西都放弃掉来帮助你。所以在任何时候都应保持客观理智的独立思考能力，这样在关键时刻，你就能躲过明枪暗箭。在职场上，任何人都有害你的时候，他们没害你，只是还没有到时间而已。

（3）在任何时候都不要做上司的俘虏。当上司处处教你，把你当成学生时，你自然而然就会将上司当作老师，甚至是亲人。而你的价值观乃至于整个思想，都会被上司俘虏。

这对于有理想的人来说，又是个巨大的危机。只要变成上司的俘虏，你就会把自我丧失掉，把自主能力失去，上司给你指定的路你会按着去前行。换句话说，看起来教师型上司是在帮你，但事实上，你不过是他的傀儡。

这种情况，也常常在家庭中出现，父母会因为爱孩子而为他安排一切，最后，让孩子把自我、独立的人生给失去了。

所以，无论上司对你有多好，你都要明白，教师型上司是你的过程而不是结果，你现在只是接受他的滋养和帮助，最后还是要把他给超越的，你的目标，比他更大。

一定不要做上司的俘虏，要做他车上的乘客。